TEORIA DOS NÚMEROS

DIALÓGICA

O selo DIALÓGICA da Editora InterSaberes faz referência às publicações que privilegiam uma linguagem na qual o autor dialoga com o leitor por meio de recursos textuais e visuais, o que torna o conteúdo muito mais dinâmico. São livros que criam um ambiente de interação com o leitor – seu universo cultural, social e de elaboração de conhecimentos –, possibilitando um real processo de interlocução para que a comunicação se efetive.

TEORIA DOS NÚMEROS

Kléber Aderaldo Benatti
Natalha Cristina da Cruz Machado Benatti

EDITORA
intersaberes

EDITORA intersaberes

Rua Clara Vendramin, 58 – Mossunguê
CEP 81200-170 – Curitiba – PR – Brasil
Fone: (41) 2106-4170
www.intersaberes.com
editora@editoraintersaberes.com.br

Conselho editorial
Dr. Ivo José Both (presidente)
Drª Elena Godoy
Dr. Neri dos Santos
Dr. Ulf Gregor Baranow

Editora-chefe
Lindsay Azambuja

Supervisora editorial
Ariadne Nunes Wenger

Analista editorial
Ariel Martins

Preparação de originais
Luiz Gustavo Micheletti Bazana

Edição de texto
Osny Tavares
Letra & Língua Ltda

Capa
Charles L. da Silva (*design*)
Ian 2010/Shutterstock (imagem)

Projeto gráfico
Sílvio Gabriel Spannenberg

Adaptação do projeto gráfico
Kátia Priscila Irokawa

Diagramação
Sincronia Design

Equipe de *design*
Charles L. da Silva
Mayra Yoshizawa
Sílvio Gabriel Spannenberg

Iconografia
Regina Claudia Cruz Prestes

Dados Internacionais de Catalogação na Publicação (CIP)
(Câmara Brasileira do Livro, SP, Brasil)

Benatti, Kléber Aderaldo
   Teoria dos números/Kléber Aderaldo Benatti, Natalha Cristina da Cruz Machado Benatti. Curitiba: InterSaberes, 2019.

   Bibliografia.
   ISBN 978-85-227-0106-3

   1. Teoria dos números I. Benatti, Natalha Cristina da Cruz Machado. II. Título.

19-27991   CDD-512.7

Índices para catálogo sistemático:
1. Teoria dos números: Matemática   512.7

Cibele Maria Dias – Bibliotecária – CRB-8/9427

1ª edição, 2019.
Foi feito o depósito legal.

Informamos que é de inteira responsabilidade dos autores a emissão de conceitos.

Nenhuma parte desta publicação poderá ser reproduzida por qualquer meio ou forma sem a prévia autorização da Editora InterSaberes.

A violação dos direitos autorais é crime estabelecido na Lei n. 9.610/1998 e punido pelo art. 184 do Código Penal.

Sumário

11 *Apresentação*
12 *Como aproveitar ao máximo este livro*
15 *Introdução*

Capítulo 1 – Fundamentação axiomática
17 1.1 Axiomas algébricos
19 1.2 Axiomas de ordem
26 1.3 Indução finita

Capítulo 2 – Divisibilidade
39 2.1 Propriedades da divisibilidade
46 2.2 Máximo divisor comum
52 2.3 Algoritmo de Euclides
54 2.4 Mínimo múltiplo comum
58 2.5 Números primos
74 2.6 Critérios de divisibilidade

Capítulo 3 – Congruência
87 3.1 Equações diofantinas lineares
92 3.2 Conceitos introdutórios de congruência
102 3.3 Congruências lineares
106 3.4 Teoremas de Fermat, Euler e Wilson
110 3.5 Teorema do resto chinês

Capítulo 4 – Funções aritméticas
119 4.1 Definição
123 4.2 Função de Euler
128 4.3 Números perfeitos
132 4.4 Recorrência e números de Fibonacci

Capítulo 5 – Raízes primitivas
147 5.1 Raízes primitivas: definição e exemplos
150 5.2 Propriedades das raízes primitivas

161	**6 – Aplicações da teoria dos números**
161	6.1 Criptografia RSA
163	6.2 Ternas pitagóricas
167	6.3 Comprimento de dízimas periódicas
175	6.4 Equações de Pell
186	*Considerações finais*
187	*Referências*
188	*Bibliografia comentada*
190	*Respostas*
197	*Sobre os autores*

Dedicamos este livro aos nossos pais, Claudemir Poças Benatti e Aparecida Cilaine Aderaldo Benatti, e a Ismael Pereira Machado e Maiza de Fátima da Cruz Machado.

Nossos sinceros agradecimentos àqueles que muito nos ajudaram para que este trabalho se tornasse realidade.

Em primeiro lugar, a Deus, pelo fôlego de vida, responsável por todas as nossas vitórias, portanto digno da honra que elas detêm. Porque d'Ele, por Ele e para Ele são todas as coisas.

A nossas famílias, que sempre nos impulsionaram na busca pelo melhor.

À Editora InterSaberes, pela rica oportunidade que nos foi concedida.

Todo amanhã se cria num ontem, através de um hoje.
De modo que o nosso futuro baseia-se no passado
e se corporifica no presente.
Temos de saber o que fomos e o que somos,
para sabermos o que seremos.
Paulo Freire

Apresentação

Desenvolvemos a presente obra para contribuir com a construção do conhecimento acerca da teoria dos números, que fundamenta grande parte da matemática, destinado-se, portanto, especialmente a alunos dos cursos das áreas de ciências exatas e tecnológicas.

Nossa abordagem é teórica, apresentando demonstrações formais dos resultados enunciados, porém sem deixar de associá-los a exemplos e aplicações, tornando o aprendizado mais rico para o leitor.

Iniciamos, no Capítulo 1, com uma fundamentação axiomática associada ao conjunto dos números inteiros, expondo operações algébricas e relações de ordem que existem nesse conjunto. Além disso, abordamos o conceito de indução finita, uma ferramenta muito relevante na matemática e, em particular, na teoria dos números.

No Capítulo 2, tratamos do conceito de divisibilidade, bem como de suas propriedades. Esses instrumentos são essenciais para o estudo dos critérios de divisibilidade dos números inteiros.

Analisamos o importante conceito de congruência no Capítulo 3. Demonstramos os teoremas substanciais da obra nesse capítulo, como os teoremas de Fermat, Euler e Wilson, além do teorema do resto chinês.

No Capítulo 4, estabelecemos diversos resultados sobre as funções aritméticas e, em particular, a função de Euler. Ainda, examinamos os números perfeitos e a sequência de Fibonacci.

No Capítulo 5, estruturamos uma análise mais avançada e fundamental sobre a teoria dos números, destacando as propriedades das raízes primitivas.

Por fim, no Capítulo 6, reunimos uma série de aplicações da teoria desenvolvida até então. Criptografia, ternas pitagóricas e a equação de Pell são exemplos dessa abordagem.

Desejamos a todos uma boa leitura!

Como aproveitar ao máximo este livro

Este livro traz alguns recursos que visam enriquecer o seu aprendizado, facilitar a compreensão dos conteúdos e tornar a leitura mais dinâmica. São ferramentas projetadas de acordo com a natureza dos temas que vamos examinar. Veja a seguir como esses recursos se encontram distribuídos no decorrer desta obra.

Introdução do capítulo
Logo na abertura do capítulo, você é informado a respeito dos conteúdos que nele serão abordados, bem como dos objetivos que os autores pretendem alcançar.

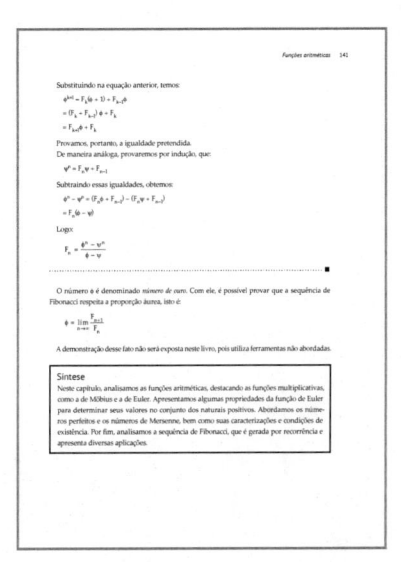

Síntese
Você conta, nesta seção, com um recurso que o instigará a fazer uma reflexão sobre os conteúdos estudados, de modo a contribuir para que as conclusões a que você chegou sejam reafirmadas ou redefinidas.

Atividades de autoavaliação

Com estas questões objetivas, você tem a oportunidade de verificar o grau de assimilação dos conceitos examinados, motivando-se a progredir em seus estudos e a se preparar para outras atividades avaliativas.

Atividades de aprendizagem

Aqui você dispõe de questões cujo objetivo é levá-lo a analisar criticamente determinado assunto e aproximar conhecimentos teóricos e práticos.

Bibliografia comentada

Nesta seção, você encontra comentários acerca de algumas obras de referência para o estudo dos temas examinados.

Introdução

A necessidade humana de associar um conjunto de objetos à sua quantidade surgiu naturalmente, a partir de observações do meio ambiente. É difícil imaginar a humanidade destituída da habilidade de contar. Assim, de maneira intuitiva, primeiramente surgiram os números naturais, que provêm da contagem. Matematicamente, é possível descrever o conjunto dos números naturais desta forma: $\mathbb{N} = \{0, 1, 2, 3, 4, \ldots\}$.

Muitos autores denotam o conjunto dos números naturais sem a presença do zero. Nesta obra, adotaremos tal concepção, ou seja, consideremos: $\mathbb{N}* = \{1, 2, 3, \ldots\}$.

Mais tarde, para atender a uma demanda das negociações e facilitar o entendimento de dívida e crédito, foi necessária a introdução do conceito de números negativos. Associando a cada número natural seu oposto, é possível definir o conjunto dos números inteiros e representá-lo matematicamente: $\mathbb{Z} = \{\ldots, -4, -3, -2, -1, 0, 1, 2, 3, 4, \ldots\}$.

O conjunto dos números inteiros é o grande foco da teoria dos números. A ele estão associadas diversas propriedades que despertam grande fascínio em matemáticos e leigos desde a Antiguidade.

Além do estudo dos números inteiros, a teoria dos números dedica-se a uma grande variedade de objetos, como os números primos, quadrados e perfeitos, o conjunto dos números racionais, as funções aritméticas e inúmeras classes de equações.

Nesta obra, traçamos um panorama geral da teoria dos números, instigando uma análise crítica, no intuito de que você avance nos estudos que envolvem essa área tão fascinante da matemática.

Neste capítulo apresentaremos uma fundamentação matemática das operações algébricas e da relação de ordem do conjunto dos números inteiros, evidenciando suas propriedades básicas. Os axiomas analisados servirão para a formalização de alguns conceitos utilizados ao longo desta obra. Além disso, discutiremos as concepções relativas à indução finita, uma técnica de demonstração de grande importância para a teoria dos números.

1
Fundamentação axiomática

1.1 Axiomas algébricos

Um dos principais objetos de estudo da teoria dos números é o conjunto dos números inteiros. Nele, estão definidas duas operações entre elementos, denominadas *adição* e *multiplicação*, e denotadas por + e · respectivamente. Em determinadas situações, a notação para multiplicação · pode ser omitida. Essas operações são chamadas de *operações algébricas entre os elementos do conjunto*. Além disso, há ainda uma relação de ordem, denotada por ≤, que se lê "menor ou igual".

Nesta seção, veremos os axiomas relativos às operações algébricas de adição e de multiplicação.

Axioma 1.1
$\mathbb{Z}$ é fechado para operações de soma e multiplicação.

Para todo $a, b \in \mathbb{Z}$, temos:

$a + b \in \mathbb{Z}$ e $a \cdot b \in \mathbb{Z}$

Axioma 1.2 (propriedade associativa)
Para todo $a, b, c \in \mathbb{Z}$, temos:

$a + (b + c) = (a + b) + c$ e $a \cdot (b \cdot c) = (a \cdot b) \cdot c$

Axioma 1.3 (existência de elemento neutro)
Existe um elemento $0 \in \mathbb{Z}$ e um elemento $1 \in \mathbb{Z}$, denominados *neutro aditivo* e *neutro multiplicativo*, respectivamente, tais que, para todo $a \in \mathbb{Z}$, temos:

$a + 0 = a$ e $1 \cdot a = a$

Axioma 1.4 (existência de oposto para soma)
Para todo elemento $a \in \mathbb{Z}$, existe um elemento, denotado por $-a$, portanto:

$a + (-a) = 0$

Uma interpretação do axioma anterior é que o oposto de um número inteiro *a* é a solução de a + x = 0. Essa interpretação tem grande importância prática, como constataremos, depois, em alguns resultados.

Axioma 1.5 (propriedade comutativa)
Para todo a, b ∈ $\mathbb{Z}$, temos:

$$a + b = b + a \quad e \quad a \cdot b = b \cdot a$$

Note que não há um axioma relativo à existência de elemento oposto para multiplicação. De fato, é possível provar que, para qualquer elemento a ≠ 1 e a ≠ –1 não existe *a'* com a · a' = 1. A demonstração desse resultado necessita de algumas propriedades, que ainda serão enunciadas, ficando, então, a cargo do leitor.

O axioma a seguir relaciona as operações de soma e de multiplicação.

Axioma 1.6 (propriedade distributiva)
Para todo a, b, c ∈ $\mathbb{Z}$, temos:

$$a \cdot (b + c) = a \cdot b + a \cdot c$$

Proposição 1.1
Para todo a ∈ $\mathbb{Z}$, temos a · 0 = 0.

Demonstração:
Se a · 0 = a · (0 + 0) = a · 0 + a · 0, portanto a · 0 = a · 0 + a · 0. Somando –a · 0 em ambos os lados da igualdade, obtemos:

$$0 = a \cdot 0 - a \cdot 0 = a \cdot 0 + a \cdot 0 - a \cdot 0 = a \cdot 0$$

∎

Proposição 1.2
Para todo a ∈ $\mathbb{Z}$, temos –a = (–1) · a.

Demonstração:
Da proposição anterior, temos:

$$0 = 0 \cdot a = (1 + (-1)) \cdot a = 1 \cdot a + (-1) \cdot a = a + (-1) \cdot a$$

Portanto, 0 = a + (–1) · a, de forma que, somando –a em ambos os lados da igualdade, obtemos –a = (–1) · a, como objetivamos demonstrar.

∎

Proposição 1.3
Dados a, b ∈ ℤ, temos:

  I. $-(-a) = a$
  II. $(-a) \cdot (b) = -(a \cdot b) = a \cdot (-b)$
  III. $(-a) \cdot (-b) = a \cdot b$

Demonstração:
Para provar (I), basta notar que a é solução de $-(-a) + x = a$, portanto a é o oposto de $(-a)$.
Para primeira igualdade de (II), basta verificar que $(-a) \cdot (b)$ é solução de $a \cdot b + x = 0$. De fato:

$$a \cdot b + (-a) \cdot (b) = (a + (-a)) \cdot b = 0 \cdot b = 0$$

De maneira análoga, é possível provar a segunda igualdade de (II).
Por fim, para (III), de (II), temos:

$$(-a) \cdot (-b) = -(a \cdot (-b)) = -(-(a \cdot b))$$

E de (I), temos $-(-(a \cdot b)) = a \cdot b$, completando a demonstração. ∎

1.2 Axiomas de ordem
Como dito anteriormente, há ainda uma relação de ordem entre os números inteiros, denotada por ≤. Vejamos a definição formal dessa relação a seguir.

Definição 1.1
De acordo com essa definição, $a \leq b$ existe se $r \in \mathbb{N}$, tal que $b = a + r$.

De tal definição, segue que, se $a = b$, então $a \leq b$, bastando $r = 0$. Uma forma de interpretar essa definição é: $a \leq b$ se $b - a$ for um número natural, isto é, um inteiro não negativo. Utilizaremos a notação $a < b$ quando $a \leq b$ porém $a \neq b$, isto é, se existe $r \in \mathbb{N}^*$ tal que $b = a + r$.

Proposição 1.4
Dado $a \in \mathbb{Z}$, se $a \leq 0$, então $0 \leq -a$.

Demonstração:
Pela nossa definição, se $a \leq 0$, então existe $r \in \mathbb{N}$, tal que $0 = a + r$. Assim, somando $(-a)$ em ambos os lados da equação, obtemos $-a = 0 + r$, portanto $0 \leq -a$. ∎

É possível provar uma adaptação da proposição 1.4 utilizando a relação de <, ficando a demonstração do resultado a cargo do leitor.

Enunciaremos, agora, alguns axiomas sobre a relação de ordem.

Axioma 1.7

$\mathbb{N}^*$ é fechado para operações de soma e de multiplicação.

Para todo a, b ∈ $\mathbb{N}^*$, temos:

a + b ∈ $\mathbb{N}^*$ e   a · b ∈ $\mathbb{N}^*$

Axioma 1.8 (tricotomia)

Dados a, b ∈ $\mathbb{Z}$, uma das condições é satisfeita:

a < b   ou   b < a   ou   b = a

Utilizando a proposição 1.4, um caso particular do axioma 1.8 é considerar b = 0, assim, obtemos que, para todo a ∈ $\mathbb{Z}$, uma das condições é satisfeita:

a ∈ $\mathbb{N}^*$ ou   –a ∈ $\mathbb{N}^*$ ou   a = 0

Proposição 1.5

Dados a, b ∈ $\mathbb{Z}$, tais que a · b = 0, temos: a = 0 ou b = 0.

Demonstração:

Supomos que a ≠ 0 e b ≠ 0. Assim, considerando o caso particular do axioma 1.8, vamos dividir a demonstração em casos. Se a, b ∈ $\mathbb{N}^*$, pelo axioma 1.7, a · b ∈ $\mathbb{N}^*$, portanto a · b ≠ 0. Se a ∈ $\mathbb{N}^*$ e –b ∈ $\mathbb{N}^*$, temos a · (–b) = –a · b ∈ $\mathbb{N}^*$. Portanto, –a · b ≠ 0, implicando a · b ≠ 0, o que contraria a hipótese do enunciado. O caso em que –a ∈ $\mathbb{N}^*$ e b ∈ $\mathbb{N}^*$ é análogo ao anterior. ∎

Proposição 1.6

Sejam a, b, c ∈ $\mathbb{Z}$, com a ≠ 0. Se a · b = a · c, então b = c.

Demonstração:

Como a · b = a · c, temos:

0 = a · b – a · c = a · (b – c)

Dessa forma, como a ≠ 0, da proposição 1.2.2, temos b – c = 0, portanto b = c. ∎

Proposição 1.7

A relação de "menor ou igual" é, de fato, uma relação de ordem, isto é, cumpre as seguintes condições:

I. Reflexividade: para cada a ∈ ℤ, a ≤ a.
II. Antissimetria: para todo a, b ∈ ℤ, se a ≤ b e b ≤ a, então a = b.
III. Transitividade: para todo a, b, c ∈ ℤ, se a ≤ b e b ≤ c, então a ≤ c.

Demonstração:

A condição de reflexividade foi atestada anteriormente. Sobre a antissimetria, consideramos a, b ∈ ℤ tais que a ≤ b e b ≤ a. Da primeira condição, existe r ∈ ℤ tal que b = a + r. Analogamente, da segunda condição, existe s ∈ ℤ tal que a = b + s. Assim, utilizando essas equações, temos:

$$b = a + r = (b + s) + r$$

Logo, s + r = 0, portanto s = –r. Como r, s ∈ ℕ, a igualdade anterior implica que r = s = 0, portanto a = b.

Para a transitividade, se a ≤ b e b ≤ c, existem r, s ∈ ℕ, tais que b = a + r e c = b + s. Assim:

$$c = b + s = (a + r) + s = a + (r + s)$$

De r + s ∈ ℕ (verifique), temos a ≤ c, como objetivamos demonstrar. ∎

Proposição 1.8

Se a, b, c, d ∈ ℤ, então:

I. Se a ≤ b, então a ± c ≤ b ± c.
II. Se a < b e c > 0, então a · c < b · c.
III. Se a < b e c < 0, então a · c > b · c.
IV. Se 0 < a < b e 0 < c < d, então a · c < b · d.
V. Se a ≠ 0, então a^2 > 0.
VI. Se a, b > 0 e $a^2 < b^2$, então a < b.

Demonstração:

(I) Por definição, se a ≤ b, existe r ∈ ℕ com b = a + r. Assim, b ± c = a + r ± c = (a ± c) + r. Daí obtemos que a ± c ≤ b ± c.

(II) Se a < b, temos b – a > 0, isto é, b – a ∈ ℕ*. Como c ∈ ℕ*, e ℕ* é fechado para multiplicação, temos (b – a) · c > 0, de maneira b · c – a · c > 0, implicando que b · c > a · c.

(III) Análogo a (II), utilizando uma adaptação da proposição 1.4, que estabelece: se c < 0, então 0 < – c, ficando a demonstração a cargo do leitor.

(IV) Temos $b \cdot d - a \cdot c = b \cdot d - b \cdot c + b \cdot c - a \cdot c = b \cdot (d - c) + (b - a) \cdot c > 0$, atestando a veracidade da proposição.

(V) Pelo axioma 1.8, se $a \neq 0$, então $a > 0$ ou $-a > 0$. Caso $a > 0$, diretamente de (II), temos $a^2 = a \cdot a > 0$. Se $-a > 0$, ainda de (II), obtemos $a^2 = (-a) \cdot (-a) > 0$.

(VI) Temos $0 < b^2 - a^2 = (a + b) \cdot (b - a)$. Como $b + a > 0$, de (III), verificamos $(b - a) > 0$, isto é, $b > a$. ∎

Definiremos, a seguir, o valor absoluto de um número inteiro, conceito que será utilizado ao longo de nosso estudo.

Definição 1.2

O valor absoluto de $a \in \mathbb{Z}$ é dado por:

$$|a| = \begin{cases} a \text{ se } a > 0 \\ -a \text{ se } a \leq 0 \end{cases}$$

Proposição 1.9

Relativamente ao conceito de valor absoluto, temos:

I. $|a| \geq 0$ e $|a| = 0$ se, e somente se, $a = 0$
II. $-|a| \leq a \leq |a|$
III. $|-a| = |a|$
IV. $|a \cdot b| = |a| \cdot |b|$
V. $|a + b| \leq |a| + |b|$ (desigualdade triangular)
VI. $||a| - |b|| < |a - b|$

Demonstração:

(I) Obtido diretamente da definição de valor absoluto.

(II) Inicialmente, para a primeira desigualdade, se $a \leq 0$, então $-|a| = -(-a) = a$, portanto $-|a| \leq a$. E se $a > 0$, então $-|a| = -a < 0 < a$, portanto $-|a| \leq a$.

Para a segunda desigualdade, se $a > 0$, então $|a| = a$, portanto $|a| \geq a$. E se $a \leq 0$, então $|a| = -a \geq 0 \geq a$, do que segue o resultado.

(III) Se $a > 0$, então $-a < 0$. Portanto, $|-a| = -(-a) = a = |a|$. Se $a \leq 0$, procede-se de maneira análoga.

(IV) Basta dividir em casos e utilizar a proposição 1.8.

(V) Se $a = b = 0$, o resultado é direto. Vejamos o caso em que um dos termos é não nulo. Como $(a + b)^2 > 0$, de (IV), temos:

$$|a + b|^2 = |(a + b)^2| = (a + b)^2 = a^2 + 2a \cdot b + b^2$$

De (II), temos:

$$a^2 + 2a \cdot b + b^2 \leq |a|^2 + 2|a| \cdot |b| + |b|^2 = (|a| + |b|)^2$$

Unindo as duas relações, obtemos $|a + b|^2 \leq (|a| + |b|)^2$. Do item (VI) da proposição 1.8, constatamos $|a + b| \leq |a| + |b|$.

(VI) Para provar este item, devemos mostrar que $|a| - |b| \leq |a - b|$ e que $-(|a| - |b|) \leq |a - b|$. Para a primeira desigualdade, temos $|a| = |a - b + b| \leq |a - b| + |b|$. Disso segue a demonstração. A outra desigualdade é análoga, necessitando também do item (III).

∎

Definição 1.3

Dado $A \subset \mathbb{Z}$ um subconjunto dos inteiros, A é limitado inferiormente se existe $k \in \mathbb{Z}$ tal que $k \leq a$ para todo $a \in A$.

De maneira análoga, é possível definir um conjunto limitado superiormente. Um caso trivial de conjunto limitado (inferior ou superiormente) é um conjunto com um número finito de elementos.

Definição 1.4

Um elemento $a \in A \subset \mathbb{Z}$ diz-se *mínimo de A* se, para todo $b \in A$, $a \leq b$. O mínimo do conjunto A será denotado por *min A*.

De igual forma, é possível definir o elemento máximo de um conjunto. O próximo axioma atesta a existência do elemento mínimo de um conjunto sob certas condições.

Axioma 1.9 (princípio da boa ordem)

Todo conjunto não vazio $A \subset \mathbb{Z}$ de números não negativos contém um elemento mínimo.

Ficará como exercício para o leitor provar que, com base no princípio da boa ordem, todo conjunto não vazio $A \subset \mathbb{Z}$ de números não positivos contém um elemento máximo. Tal resultado será utilizado posteriormente.

Note que, se $A \subset \mathbb{Z}$ contém números não negativos, então tal conjunto é limitado inferiormente por 0. Provaremos, a seguir, que todo conjunto não vazio $A \subset \mathbb{Z}$ limitado inferiormente apresenta elemento mínimo.

Proposição 1.10

Todo conjunto não vazio $A \subset \mathbb{Z}$ limitado inferiormente contém um elemento mínimo.

Demonstração:

Pela limitação inferior de A, existe $k \subset \mathbb{Z}$ tal que $k \leq a$ para todo $a \in A$. Então, definimos $B = \{a - k : a \in A\}$, que é um conjunto não vazio de inteiros não negativos. Portanto, pelo princípio da boa ordem, existe m = min B. Pela definição de B, m = $a_0 - k$ para algum $a_0 \in A$. Provaremos que a_0 = min A. De fato, se existisse elemento $a_1 \in A$ com $a_1 < a_0$, teríamos $a_1 - k \in B$ com $a_1 - k < a_0 - k$ = min B, o que seria uma contradição.

∎

É possível provar também que todo conjunto não vazio $A \subset \mathbb{Z}$ limitado superiormente contém um elemento máximo, ficando a demonstração desse resultado a cargo do leitor.

Apesar de intuitivo, ainda não provamos a inexistência de um inteiro entre 0 e 1. Tal resultado será demonstrado a seguir.

Proposição 1.11

Não há $a \in \mathbb{Z}$ cumprindo $0 < n < 1$.

Demonstração:

Consideramos o conjunto $S = \{ n \in \mathbb{Z} : 0 < n < 1\}$. Caso $S \neq \emptyset$, do princípio da boa ordem, verificamos que existe n_0 = min S. Do fato de que $\mathbb{N}^*$ é fechado para multiplicação, temos $0 < n_0^2$, e pela proposição 1.8, item (IV), temos $n_0^2 < 1$. Além disso, do item (II), resulta $n_0^2 < n_0$. Obtemos, então, a seguinte cadeia de desigualdades:

$$0 < n_0^2 < n_0 < 1$$

Portanto, $n_0^2 \in S$, além de que $n_0^2 < n_0$, o que é uma contradição, já que n_0 = min S.

∎

Proposição 1.12

Consideramos $a \in \mathbb{N}$ tal que existe $a' \in \mathbb{N}$ cumprindo $a \cdot a' = 1$. Prove que a = 1. Por consequência, os únicos elementos invertíveis de $\mathbb{Z}$ são 1 e –1.

Tendo a, a' $\in \mathbb{N}$ nas condições citadas, é trivial que ambos são não nulos. Assim, pela proposição anterior, a, a' ≥ 1. Se a > 1, da proposição 1.8, item (II), temos $1 \leq a' = 1 \cdot a' < a \cdot a' = 1$, o que é uma contradição. Logo, a = 1, provando o desejado. A conclusão de que os únicos elementos invertíveis de $\mathbb{Z}$ são 1 e –1 fica como exercício para o leitor.

∎

Além de a proposição 1.11 ser uma aplicação direta do princípio da boa ordem, esse axioma tem grande aplicabilidade na teoria dos números. A próxima proposição também utilizará esse axioma.

Proposição 1.13 (propriedade arquimediana)

Dados a, b ∈ ℕ, existe n ∈ ℕ tal que n · a > b.

Demonstração:

Nossa estratégia é utilizar a redução ao absurdo. Dessa forma, assuma que, para todo n ∈ ℕ, temos que n · a ≥ b.

Portanto, o conjunto B = {b − n · a : n ∈ ℕ} é um subconjunto de ℕ, isto é, contém apenas números inteiros não negativos. Assim, o princípio da boa ordem atesta a existência de s = min B. Dado que s ∈ B, temos s = b − r · a para algum r ∈ ℕ. Assim, o elemento s' = b − (r + 1) · a ∈ B cumpre:

s' = b − (r + 1) · a = b − r · a − a = s − a < s

Portanto, s' ∈ B com s' < s = min B, o que é uma contradição. ∎

Definição 1.5

Um elemento a ∈ ℤ é par se existe k ∈ ℤ tal que a = 2k. De igual forma, *a* é ímpar se existe k ∈ ℤ tal que a = 2k + 1.

Dessa definição, é intuitivo que, se *a* é par, a + 1 é ímpar, e vice-versa. Provaremos a seguir que todo número inteiro é par ou ímpar.

Proposição 1.14

Dado a ∈ ℤ, temos que *a* é par ou *a* é ímpar.

Demonstração:

Supomos que existe o elemento N ∈ ℤ tal que N não é par nem ímpar. Então, definimos B = {n ∈ ℤ : n é par ou ímpar e n ≤ N}.

Claramente B ∈ ∅ e B é limitado superiormente por N. Assim, existe elemento máximo de B: n_0 = max B. Pela definição de B, constatamos que n_0 é par ou é ímpar e n_0 ≤ N. Note que, se N_0 = N, teríamos N como um número par ou ímpar, contradizendo nossa afirmação inicial. Logo, n_0 < N. Além disso, caso n_0 seja par, n_0 + 1 é ímpar. Como n_0 = max B e n_0 < n_0 + 1, temos n_0 + 1 ∉ B, portanto N < n_0 + 1. Analogamente, se n_0 é ímpar, n_0 + 1 é par, de maneira que n_0 + 1 ∉ B, portanto N < n_0 + 1. Assim, em ambos os casos, n_0 < N < n_0 + 1. Logo, n_0 − N é um inteiro cumprindo 0 < n_0 − N < 1, o que contradiz a proposição 1.11. ∎

Uma questão natural que surge é a existência de números inteiros que são simultaneamente pares e ímpares. Na próxima proposição, que isso não pode ocorrer, portanto, um número inteiro a ∈ ℤ é par ou é ímpar.

Proposição 1.15

Não há um inteiro simultaneamente par e ímpar. Assim, o conjunto dos números inteiros $\mathbb{Z}$ pode ser escrito como a união disjunta entre o conjunto dos inteiros pares e o conjunto dos inteiros ímpares.

Demonstração:

Supomos por absurdo que existe a $\in \mathbb{Z}$ simultaneamente par e ímpar, portanto existem k, l $\in \mathbb{Z}$ tais que a = 2k e a = 2l + 1. Assim, 2k = 2l + 1, portanto 2(k − l) = 1. Como 1 > 0, então k − l > 0. Por outro lado, 1 = 2(k − l) > 1(k − l) = k − l.

Dessa forma, k − l $\in \mathbb{Z}$ cumpre 0 < k − l < 1, o que é uma contradição.

■

Um resultado de fácil demonstração, ficando como exercício para o leitor, é demonstrar que a multiplicação de números pares gera um número par, e a multiplicação de números ímpares gera um número ímpar.

1.3 Indução finita

A indução finita é uma técnica de demonstração matemática comumente utilizada na teoria dos números. Há registros de sua utilização desde a Antiguidade, como no teorema IX-20 de *Os elementos*, de Euclides, no qual é provada a existência de infinitos números primos. Informalmente, podemos associar o método de indução a uma fileira infinita e ordenada de peças de dominó. Se a primeira peça cair, com a garantia de que a queda de uma peça implica a queda da posterior, teremos a certeza de que todas as peças cairão. Formalizaremos esse conceito a seguir, utilizando P(n) como notação para a propriedade P, satisfeita para n $\in \mathbb{N}$.

Indução finita: primeira forma

Seja a $\in \mathbb{N}$ e P uma propriedade, temos que:

I. P(a) é verdadeira.
II. Para k ≥ a, se P(k) é verdadeira, então P(k + 1) é verdadeira.

Nessas condições, P(n) é verdadeira para todo n ≥ a.

Pelo que foi enunciado, a técnica de indução finita pode ser dividida em dois passos. O primeiro passo é o denominado *caso base*, que estabelece a veracidade de determinada proposição para certo inteiro. No segundo passo, chamado *passo indutivo*, assume-se a veracidade da proposição para um inteiro arbitrário e prova-se a validade da proposição para o inteiro posterior. A demonstração da validade dessa técnica decorre diretamente do resultado enunciado a seguir.

Teorema 1.1

Dado a ∈ ℕ, consideramos S o conjunto com as seguintes propriedades:

I. a ∈ S.
II. Para k ≥ a, se k ∈ S, então k + 1 ∈ S.

Nessas circunstâncias, S é o conjunto de todos os naturais maiores ou iguais a a.

Demonstração:
Pela construção de S, tal não contém elementos menores que a. Agora, supomos por redução ao absurdo que S não seja o conjunto de todos os inteiros maiores ou iguais a a. Então, denotamos por S' o conjunto dos naturais maiores ou iguais a a que não estão em S. Por hipótese, S' ≠ ∅, portanto, existe m = min S'. Como a ∈ S, então a < m. Além disso, m − 1 < m = min S', portanto, m − 1 ∈ S. Pelo item (II) da construção de S, m = (m − 1) + 1 ∈ S, o que é uma contradição. ∎

Para completar a demonstração no caso da técnica de indução finita, basta tomar S como o conjunto dos n ∈ ℕ tal que P(n) é verdadeira. Efetivamente, é possível adaptar a demonstração para qualquer conjunto ordenado e estender a técnica de indução finita. Fica a cargo do leitor preencher os detalhes dessa adaptação. Vejamos, a seguir, alguns exemplos da técnica de indução finita. Note que estes exemplos utilizam conceitos ainda não abordados no livro, como o de quociente de inteiros, mas tomamos como premissa que são de conhecimento do leitor.

Exemplo 1.1

Dado n ∈ ℕ qualquer, temos:

$$0 + 1 + 2 + \ldots + n = \frac{n \cdot (n + 1)}{2}$$

Demonstração:
Como a afirmação é feita sobre todos os naturais, o caso base deve ser provado para n = 0. Trivialmente, temos:

$$0 = \frac{0 \cdot (0 + 1)}{2}$$

Agora, assumimos que, para k ∈ ℕ arbitrariamente fixado, temos:

$$0 + 1 + 2 + \ldots + k = \frac{k \cdot (k + 1)}{2}$$

Assim, provamos que:

$$0 + 1 + 2 + \ldots + k + 1 = \frac{(k+1) \cdot \big((k+1)+1\big)}{2}$$

De fato:

$$0 + 1 + 2 + \ldots + k + 1 = 0 + 1 + 2 + \ldots + k + k + 1$$

$$= \frac{k \cdot (k+1)}{2} + k + 1$$

$$= \frac{k \cdot (k+1)}{2} + \frac{2(k+1)}{2}$$

$$= \frac{(k+1) \cdot (k+2)}{2}$$

$$= \frac{(k+1)\big((k+1)+1\big)}{2}$$

Dessa forma, comprovamos a veracidade da fórmula enunciada para todo $n \in \mathbb{N}$.

Exemplo 1.2

Para todo $n \in \mathbb{N}^*$, temos:

$$\frac{1}{1 \cdot 2} + \frac{1}{2 \cdot 3} + \ldots + \frac{1}{n \cdot (n+1)} = \frac{n}{(n+1)}$$

Demonstração:

Como a afirmação é feita para $n \in \mathbb{N}^*$, é preciso demonstrá-la, inicialmente, para $n = 1$, como segue:

$$\frac{1}{1 \cdot 2} = \frac{1}{2} = \frac{1}{(1+1)}$$

Agora, assumimos que, para $k \in \mathbb{N}^*$ arbitrariamente fixo:

$$\frac{1}{1 \cdot 2} + \frac{1}{2 \cdot 3} + \ldots + \frac{1}{k \cdot (k+1)} = \frac{k}{(k+1)}$$

Assim:

$$\frac{1}{1 \cdot 2} + \frac{1}{2 \cdot 3} + \ldots + \frac{1}{k \cdot (k+1)} + \frac{1}{(k+1) \cdot \big((k+1)+1\big)} =$$

$$= \frac{k}{(k+1)} + \frac{1}{(k+1) \cdot \big((k+1)+1\big)}$$

$$= \frac{k \cdot ((k+1)+1)}{(k+1) \cdot ((k+1)+1)} + \frac{1}{(k+1) \cdot ((k+1)+1)}$$

$$= \frac{k \cdot ((k+1)+1) + 1}{(k+1) \cdot ((k+1)+1)} = \frac{k \cdot (k+1) + k + 1}{(k+1) \cdot ((k+1)+1)}$$

$$= \frac{(k+1) \cdot (k+1)}{(k+1) \cdot ((k+1)+1)} = \frac{(k+1)}{((k+1)+1)}$$

Um importante resultado que se pode provar utilizando o princípio da indução diz respeito ao binômio de Newton. Examinaremos alguns resultados auxiliares sobre esse tema.

Definição 1.6

Dados dois números n, k ∈ ℕ, denotamos $\binom{n}{k}$ como o número de subconjuntos de *k* elementos de um conjunto de *n* elementos. Lê-se o número $\binom{n}{k}$ desta forma: "combinações de n elementos k a k".

Note que esse conceito só está bem definido quando k ≤ n. Um caso particular do número ora definido é quando k = 0. Considerando que, para todo n ∈ ℕ, pode-se extrair apenas o conjunto vazio como subconjunto de 0 elementos dentre um conjunto de *n* elementos, define-se $\binom{n}{0} = 1$.

O teorema a seguir estabelece uma fórmula fechada para $\binom{n}{k}$, dados *n* e *k* naturais quaisquer.

Teorema 1.2

Dados n, k ∈ ℕ, temos:

$$\binom{n}{k} = \frac{n!}{k!(n-k)!}$$

Em que: a! = a · (a − 1) ... 2 · 1 para todo a ∈ ℕ.

Demonstração:

Provaremos essa afirmação por indução em *n*. Pelo que já foi dito, como 0! = 1, a fórmula é válida para n = 0. Suponhamos que a fórmula seja válida para conjuntos com n − 1 elementos para n ∈ ℕ arbitrariamente fixado e 0 ≤ k ≤ n − 1. Seja A um conjunto de *n* elementos, podemos escrever A = $\overline{A} \cup \{a_n\}$. Defina *r* o número de subconjuntos de A com *k* elementos e que não contém entre eles o elemento a_n. De igual forma, defina *s* o número de subconjuntos de A com *k* elementos e que contém a_n entre seus elementos. Assim:

$$\binom{n}{k} = r + s$$

Note que r pode ser visto como o número de subconjuntos de $\overline{A}$ com k elementos, isto é:

$$r = \binom{n-1}{k} = \frac{(n-1)!}{k!((n-1)-k)!}$$

Por sua vez, s é o número de conjuntos da forma $\tilde{A} \cup \{a_n\}$, em que $\tilde{A}$ é um subconjunto de $\overline{A}$ com $k-1$ elementos. Logo, pela hipótese de indução, temos:

$$s = \binom{n-1}{k-1} = \frac{(n-1)!}{(k-1)!((n-1)-(k-1))!} = \frac{(n-1)!}{(k-1)!(n-k)!}$$

Assim:

$$\binom{n}{k} = \binom{n-1}{k} + \binom{n-1}{k-1}$$

Essa relação é denominada *fórmula de Stieffel* e é muito utilizada em combinatória. Utilizando as expressões para r e s já deduzidas, temos:

$$\binom{n}{k} = \frac{(n-1)!}{k!((n-1)-k)!} + \frac{(n-1)!}{(k-1)!(n-k)!}$$

$$= \frac{(n-1)!(n-k)}{(k-1)!(n-k-1)!k(n-k)} + \frac{(n-1)!k}{(k-1)!(n-k-1)!k(n-k)}$$

$$= \frac{(n-1)!(n-k+k)}{(k-1)!(n-k-1)!k(n-k)}$$

$$= \frac{n!}{k!(n-k)!}$$

Portanto, a demonstração está feita para $0 \leq k \leq n-1$. Finalmente, para $k = n$, temos:

$$\binom{n}{n} = 1 = \frac{n!}{n!(n-n)!}$$

Agora, já dispomos de ferramentas suficientes para demonstrar a fórmula para o binômio de Newton, como enunciado a seguir.

Teorema 1.3

Considerando a, b ∈ $\mathbb{Z}$ e n ∈ $\mathbb{N}$, temos:

$$(a + b)^n = \sum_{i=0}^{n} \binom{n}{i} a^i b^{n-i}$$

Em que: $c^n = c \cdot c \cdot c \cdot \ldots \cdot c$ é a multiplicação *n* vezes de *c*.

Demonstração:

A demonstração será feita por indução em *n*. Para n = 0, temos:

$$(a + b)^0 = 1 = \binom{0}{0} a^0 b^{0-0} = \sum_{i=0}^{0} \binom{0}{i} a^i b^{0-i}$$

Assumindo como verdadeira a fórmula para k ∈ $\mathbb{N}$ arbitrariamente fixado, então:

$$(a + b)^{k+1} = (a + b)(a + b)^k = a(a + b)^k + b(a + b)^k$$

Pela hipótese de indução:

$$(a + b)^k = \sum_{i=0}^{k} \binom{k}{i} a^i b^{k-i}$$

Portanto, seguem as relações:

$$a(a + b)^k = \sum_{i=0}^{k} \binom{k}{i} a^{i+1} b^{k-i}$$

$$b(a + b)^k = \sum_{i=0}^{k} \binom{k}{i} a^i b^{k-(i-1)}$$

Somando-as e mudando o índice dos somatórios, temos:

$$(a + b)^{k+1} = \sum_{i=0}^{k} \binom{k}{i} a^{i+1} b^{k-i} + \sum_{i=0}^{k} \binom{k}{i} a^i b^{k-(i-1)}$$

$$= \sum_{i=1}^{k+1} \binom{k}{i-1} a^i b^{k-(i-1)} + \sum_{i=0}^{k} \binom{k}{i} a^i b^{k-(i-1)}$$

$$= \sum_{i=1}^{k+1}\left[\binom{k}{i-1}+\binom{k}{i}\right]a^ib^{k-(i-1)} + \binom{k}{0}a^0b^{k+1}$$

$$= \sum_{i=1}^{k+1}\binom{k+1}{i}a^ib^{k-(i-1)} + \binom{k+1}{0}a^0b^{k+1}$$

$$= \sum_{i=0}^{k+1}\binom{k+1}{i}a^ib^{(k+1)-i}$$

Demonstramos, pois, a validade da fórmula.

∎

Há, ainda, uma segunda versão para a técnica de indução finita, sendo útil na demonstração de alguns resultados. Essa versão é enunciada a seguir.

Indução finita: segunda forma

Seja $a \in \mathbb{N}$ e P uma propriedade, temos que:

I. P(a) é verdadeira.

II. Para $k \geq a$, se P(i) é verdadeira para todo $a \leq i \leq k$, então P(k + 1) é verdadeira.

Nessas condições, P(n) é verdadeira para todo $n \geq a$.

Essa versão também é conhecida como *indução forte*. Assim como a primeira versão, podemos demonstrá-la com base em um resultado auxiliar, como segue.

Teorema 1.4

Dado $a \in \mathbb{N}$, consideramos o conjunto S construído da seguinte forma:

I. $a \in S$.

II. Para $k \geq a$, se $i \in S$ para todo $a \leq i \leq k$, então $k + 1 \in S$.

Nessas circunstâncias, S é o conjunto de todos os naturais maiores ou iguais a *a*.

Demonstração:

Pela construção, S não contém elementos menores que *a*. Agora, supomos por absurdo que S não contém todos os naturais maiores ou iguais a *a*. Portanto, o conjunto S' dos naturais maiores ou iguais a *a* que não pertencem a S é não vazio e pode ser assim definido: m = min S'. Se $a \in S$, temos a < m, então $a \leq m - 1$. Como m = min S', concluímos que a, a + 1, ..., m – 1 são elementos de S. Pelo item (II), temos (m – 1) + 1 = m $\in$ S, o que é uma contradição, finalizando a demonstração.

∎

Note que a diferença entre as formulações da técnica de indução é muito minuciosa. Porém, há casos em que a segunda versão é mais conveniente. Efetivamente, as duas técnicas são equivalentes, sendo possível provar uma delas assumindo a validade da outra. Vejamos um exemplo da utilização da segunda forma da técnica de indução infinita.

Exemplo 1.3

Considere a sequência definida pelos termos:

$a_1 = 1$, $a_2 = 3$, $a_k = a_{k-2} + 2a_{k-1}$ e $k \geq 3$

Prove que a_n é ímpar para todo $n \geq 1$.

Demonstração:

Para a demonstração, aplicamos a indução forte. Note que, para $n = 1$ e $n = 2$, o resultado é imediato. Agora, assumimos que, para determinado k, os termos a_i da sequência são ímpares, com $1 \leq i \leq k$, e nosso objetivo é provar que a_k é ímpar. De fato, nossa hipótese de indução afirma que a_{k-2} e a_{k-1} são ímpares, isto é, podem ser escritos, para certos r, s $\in \mathbb{Z}$, como:

$a_{k-2} = 2r + 1$

$a_{k-1} = 2s + 1$

Logo:

$a_k = a_{k-2} + 2a_{k-1} = 2r + 1 + 2(2s + 1) = 2(2r + 2s + 1) + 1 = 2t + 1$

Portanto, a_k é ímpar. Assim, o resultado fica provado por indução.

Exemplo 1.4

Suponha que, dada uma escada de infinitos degraus, cumprem-se as seguintes propriedades:

I. Os dois primeiros degraus da escada podem ser alcançados.
II. Uma vez estando em um degrau, é possível alcançar dois degraus acima.

Nessas condições, prove que qualquer degrau pode ser alcançado.

Demonstração:

Provaremos o resultado por indução forte. O caso base é satisfeito trivialmente pelo item (I). Assumindo que, para $k \geq 3$ fixado arbitrariamente, os degraus i podem ser alcançados para $1 \leq i \leq k$. Nosso objetivo é provar que o degrau k pode ser alcançado. Pela hipótese de indução, o degrau $k - 2$ pode ser alcançado. Pelo item (II), após esse degrau, é possível alcançar o degrau $(k - 2) + 2 = k$, completando a demonstração.

Note que é possível provar esse resultado utilizando a primeira versão da técnica de indução, dividindo a demonstração nos casos em que o degrau a ser alcançado é par ou ímpar. Os detalhes dessa demonstração ficam a cargo do leitor.

Síntese

Neste capítulo, apresentamos os fundamentos dos aspectos teóricos pertinentes ao conjunto dos números inteiros. Tratamos axiomas relativos às operações algébricas de adição e de multiplicação definidos entre números inteiros, além da relação de ordem que há entre eles. Discutimos a indução finita, técnica de demonstração muito utilizada na teoria dos números. Analisamos suas duas versões, além de aplicações como o binômio de Newton e o tratamento de sequências.

Atividades de autoavaliação

1) Sobre os axiomas algébricos, indique se as afirmações a seguir são verdadeiras (V) ou falsas (F).

( ) Os inteiros 0 e 1 são os únicos elementos neutros aditivo e multiplicativo, respectivamente.

( ) Para todos a, b, c ∈ $\mathbb{Z}$, tais que a + b = a + c, temos b = c.

( ) Para todo elemento a ∈ $\mathbb{Z}$, existe um elemento a' ∈ $\mathbb{Z}$ tal que a · a' = 1.

( ) Apenas por meio dos axiomas algébricos é possível provar que (–1) · (–1) = 1.

Agora, assinale a alternativa que corresponde à sequência obtida:

a. V, V, F, V.
b. V, F, F, V.
c. V, V, F, F.
d. F, V, V, V.
e. V, F, V, F.

2) Analise as afirmações a seguir e indique se são verdadeiras (V) ou falsas (F).

( ) Se a^2 = a, então a = 0 ou a = 1.
( ) Se a^3 = a, então a = 0 ou a = 1.
( ) A equação a + x = b tem uma única solução em $\mathbb{N}$.
( ) A equação a + x = b admite mais de uma solução em $\mathbb{Z}$.

Agora, assinale a alternativa que corresponde à sequência obtida:

a. V, V, F, V.
b. V, F, F, V.
c. V, V, F, F.
d. F, V, V, V.
e. V, F, V, F.

3) Considere a, b, c ∈ ℤ, e indique se as afirmações a seguir são verdadeiras (V) ou falsas (F).

( ) $a^2 - ab + b^2 \geq 0$.

( ) Se a < b, então $a^3 < b^3$.

( ) Se a < b, então $a^2 < b^2$.

( ) A equação $x^2 + 1 = 0$ tem solução em ℤ.

( ) Se a · b < a · c e a > 0, então b < c.

Agora, assinale a alternativa que corresponde à sequência obtida:

a. V, V, F, V, V.
b. V, F, F, F, V.
c. V, V, F, F, V.
d. F, V, F, V, F.
e. V, V, V, F, F.

4) Assinale a alternativa **incorreta**:

a. |a| = max {a, – a}.
b. |a| = $\sqrt{a^2}$.
c. Se |a| = b, então $a^2 = b^2$.
d. Se |a| = b, então a = b.
e. Se |a| = b, então a = b ou a = – b.

5) Utilizando indução finita, indique se as afirmações a seguir são verdadeiras (V) ou falsas (F):

( ) $2 \cdot 1 + 2 \cdot 2 + 2 \cdot 3 + \ldots + 2 \cdot n = n^2 + n$, n ≥ 1.

( ) Qualquer número inteiro positivo n ≥ 8 pode ser escrito como a soma de 3's e 5's.

( ) Para todo inteiro n ≥ 1, temos que $3^n - 2$ é ímpar.

( ) $(n + 2)^2 = n^2 + 2^2$ para todo n ∈ ℕ.

Agora, assinale a alternativa que corresponde à sequência obtida:

a. V, V, F, F.
b. V, V, V, F.
c. F, V, V, F.
d. V, F, V, V.
e. F, V, F, V.

Atividades de aprendizagem

Questões para reflexão

1) Prove, com base na proposição 1.11, que dado a ∈ $\mathbb{Z}$, então a – 1 é o maior inteiro menor que a.

2) Demonstre que, se um subconjunto de $\mathbb{Z}$ tem mínimo (ou máximo), então o mínimo (ou máximo) é único.

3) Dado um conjunto de números A, definimos a cardinalidade de A por:

$$|A| = \begin{cases} \text{número de elementos de A, caso tal seja finito.} \\ \infty, \text{ caso contrário.} \end{cases}$$

Nesse caso, é possível afirmar que dois conjuntos, A e B, têm mesma cardinalidade se existe uma função φ: A → B bijetiva (ver definição).

Prove que o conjunto dos números pares é infinito, com cardinalidade igual ao conjunto dos inteiros. De igual forma, prove que o conjunto dos números ímpares é infinito, com a mesma cardinalidade do conjunto dos inteiros. Note que, assim, teremos dois conjuntos disjuntos, por exemplo, P e I, tais que |P| = |$\mathbb{Z}$| = |I| e P ∪ I = $\mathbb{Z}$.

4) Prove que, para quaisquer n, k ∈ $\mathbb{N}$, com k ≤ n, temos $\binom{n}{k} = \binom{n}{n-k}$.

5) Um famoso princípio da teoria dos números é o princípio da gaiola dos pombos. Essencialmente, ele diz que, se *n* pombos estão distribuídos em *m* gaiolas, com n > m, pelo menos uma das gaiolas conterá mais que um pombo. Parece ser um resultado sem importância, mas auxilia na demonstração de diversos resultados mais refinados. O próximo enunciado tem por objetivo utilizar esse princípio.

Um grupo de 6 cozinheiros foi designado para fazer 50 pratos diferentes em um restaurante, mas cada prato deveria ser preparado por um único cozinheiro. No final do trabalho, todos os cozinheiros trabalharam e todos os pratos foram preparados. Portanto, é correto afirmar que:
a. um dos cozinheiros preparou 10 pratos.
b. cada cozinheiro preparou pelo menos 5 pratos.
c. um dos cozinheiros preparou apenas 2 pratos.
d. quatro cozinheiros prepararam 7 pratos, e os outros dois, 6 pratos.
e. pelo menos um dos cozinheiros preparou 9 pratos ou mais.

Atividade aplicada: prática

1) O triângulo de Pascal é um triângulo numérico infinito formado pelas combinações da forma $\binom{n}{k}$ para n, k ∈ ℕ e k ≤ n. Foi descoberto pelo matemático chinês Yang Hui (1238-1298). Posteriormente, várias de suas propriedades foram estudadas por Blaise Pascal (1623-1662). O triângulo pode ser escrito como:

$$\begin{array}{ccccccccc}
& & & & \binom{0}{0} & & & & \\
& & & \binom{1}{0} & & \binom{1}{1} & & & \\
& & \binom{2}{0} & & \binom{2}{1} & & \binom{2}{2} & & \\
& \binom{3}{0} & & \binom{3}{1} & & \binom{3}{2} & & \binom{3}{3} & \\
\binom{4}{0} & & \binom{4}{1} & & \binom{4}{2} & & \binom{4}{3} & & \binom{4}{4} \\
\cdot\cdot\cdot & \vdots & & \vdots & & \vdots & & \vdots & \cdot\cdot\cdot
\end{array}$$

Utilizando a fórmula de Stieffel, temos:

$$\binom{n}{k} = \binom{n-1}{k} + \binom{n-1}{k-1}$$

Considerando o fato de que $\binom{n}{k} = \binom{n}{n-k}$, complete o triângulo de Pascal até a ordem 4, com os valores das combinações.

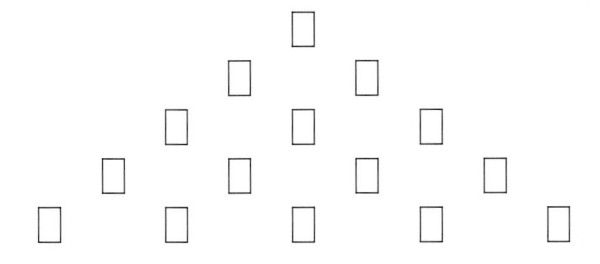

$$\begin{array}{ccccccccc}
& & & & \square & & & & \\
& & & \square & & \square & & & \\
& & \square & & \square & & \square & & \\
& \square & & \square & & \square & & \square & \\
\square & & \square & & \square & & \square & & \square
\end{array}$$

Neste capítulo, nossa análise diz respeito ao tema da divisibilidade e suas propriedades. Ampliaremos a interpretação dos conceitos de máximo divisor comum e mínimo múltiplo comum vistos no ensino básico, além do tratamento dos números primos presente na teoria dos números. Por fim, evidenciaremos alguns critérios de divisibilidade dos números inteiros.

2

Divisibilidade

2.1 Propriedades da divisibilidade

Um dos conceitos fundamentais para o desenvolvimento da teoria dos números é o de divisibilidade. Esse conceito está relacionado à existência de solução para a equação $a \cdot x = b$, em que $a, b \in \mathbb{Z}$. É fácil notar que a existência de solução dependerá explicitamente dos coeficientes a e b. De fato, a equação $2 \cdot x = 6$ tem solução $x = 3 \in \mathbb{Z}$, ao passo que a equação $2 \cdot x = 5$ não tem solução nos inteiros.

Vejamos, a seguir, a definição de divisibilidade no conjunto dos inteiros.

Definição 2.1

Dados $a, b \in \mathbb{Z}$, diz-se que b divide a se existe $c \in \mathbb{Z}$ tal que $a = b \cdot c$. É possível denotar essa situação por "a é divisível por b", "b é divisor de a" ou, ainda, "a é múltiplo de b". Utilizaremos a notação $b|a$ para declarar que b divide a. O valor de c que cumpre esse hipótese é geralmente denotado por $c = \dfrac{a}{b}$. Caso não exista $c \in \mathbb{Z}$ nas hipóteses citadas, diz-se que b não divide a, e denota-se $b \nmid a$.

Podemos provar que, se $a \neq 0$ e $b|a$, então existe um único elemento $c \in \mathbb{Z}$ tal que $a = b \cdot c$. De fato, tomando $c, c' \in \mathbb{Z}$ tais que $a = b \cdot c$ e $a = b \cdot c'$, temos $b \cdot c = b \cdot c'$, de maneira que $b \cdot (c - c') = 0$. Como $a \neq 0$, então $b \neq 0$, implicando $c = c'$.

Um caso interessante é quando $a = 0$. Note que, pela definição de divisibilidade, $b|0$ para todo inteiro b. Além disso, $0|0$, existindo infinitos valores para $c \in \mathbb{Z}$ tal que $0 = 0 \cdot c$. Por isso, é natural dizer que $\dfrac{0}{0}$ é uma indeterminação.

Ainda pela definição de divisibilidade, se $a \neq 0$, temos $0 \nmid a$. Por isso, acabamos por não considerar o 0 como divisor em nossa teoria. De fato, mesmo que não esteja declarado, os divisores considerados serão sempre não nulos.

Enunciaremos, a seguir, algumas propriedades da divisibilidade.

Teorema 2.1

Considerando a, b, c, d ∈ ℤ quaisquer, são verdadeiras as seguintes afirmações:

I. 1|a

II. a|a

III. Se a|b e b|c, então a|c.

IV. Se a|b e c|d, então ac|bd.

V. Se a|b, então $\frac{b}{a}$ | b.

VI. Se a|b, então a|mb para todo m ∈ Z.

VII. Se a|b e a|c, então a|(mb + nc) para todos m, n ∈ Z.

VIII. Se a|b e a|(b + c), então a|c.

Demonstração:

I. Tal item é trivial, já que a = 1 · a.

II. Este item é igualmente trivial e decorre de que a = a · 1.

III. Por hipótese, existem m, n ∈ ℤ tais que b = am e c = bn. Assim:

c = bn

= b(am)

= a(bm)

Portanto, a|c.

IV. Por hipótese, existem m, n ∈ ℤ tais que b = am e d = cn. Dessa forma:

bd = (am)(cn)

= (ac)(mn)

Logo, ac|bd.

V. Se a|b, então, pela definição de divisibilidade, b = a · $\frac{b}{a}$. Assim, da definição, temos $\frac{b}{a}$ | b.

VI. Por hipótese, existe c ∈ ℤ tal que b = ac. Então, para qualquer m ∈ ℤ, temos:

mb = m(ac)

= a(mc)

Logo, a|mb.

VII. Pela definição de divisibilidade, existem r, s ∈ ℤ tal que b = ar e c = as. Dessa forma, para quaisquer m, n ∈ ℤ, temos:

$$mb + nc = m(ar) + n(as)$$
$$= a(mr) + a(ns)$$
$$= a(mr + ns)$$

Portanto, a|(mb + nc).

VIII. Por hipótese, existem m, n ∈ ℤ tal que b = am e b + c = an. Logo:

$$c = an - b$$
$$= an - am$$
$$= a(n - m)$$

Então, a|c.

∎

A seguir, apresentaremos algumas aplicações do teorema anterior, enunciadas em forma de exemplos.

Exemplo 2.1
Como 3|21, então 3|189, pois 189 = 21 · 9.

Exemplo 2.2
Como 4|12 e 3|9, então 12|108.
Os próximos resultados também são muito intuitivos, porém auxiliarão no desenvolvimento da teoria a seguir.

Teorema 2.2
Se a|b e b ≠ 0, então |a| ≤ |b|.

Demonstração:

Pela definição de divisibilidade, existe c ∈ ℤ tal que b = ac. Logo, |b| = |ac| = |a| · |c|. Note que, como b ≠ 0, então c ≠ 0, portanto |c| > 0, atestando que |c| ≥ 1. Assim:

$$|b| = |a| \cdot |c|$$
$$\geq |a| \cdot 1$$
$$= |a|$$

∎

Corolário 2.1

Para a, b ∈ $\mathbb{Z}$, as seguintes afirmações são verdadeiras:

I. Os únicos divisores de 1 são 1 e –1.

II. Se a|b e b|a, então a = ±b.

Demonstração:

(I) É fácil verificar que 1 e –1 são divisores de 1. Além disso, pelo teorema anterior, se a|1, então |a| ≤ 1 e, pela proposição 1.11, temos |a| = 1, portanto a = ±1.

(II) Se a|b e b|a, existem c, d ∈ $\mathbb{Z}$ tal que b = ac e a = bd. Assim:

b = ac

b = (bd)c

b = b(dc)

Como b ≠ 0, então dc = 1. Portanto, da definição de divisibilidade, d|1. Do item (I), d = ±1. Aplicando essa informação à definição de *a*, temos a = ±b, como objetivamos demonstrar. ∎

O próximo teorema é de fácil demonstração, ficando como exercício para o leitor.

Teorema 2.3

Se a|b, então:

a| –b   –a|b   –a| –b |a| | |b|
∎

Agora que já abordamos algumas propriedades básicas da divisibilidade, analisaremos o do caso em que dados a, b ∈ $\mathbb{Z}$, a∤b. Nessas situações, é possível, de certa forma, realizar a divisão de *a* por *b*, obtendo um resto. Formalizaremos um caso particular dessa situação no próximo teorema.

Teorema 2.4

Se a, b ∈ $\mathbb{Z}$, com a > 0, existem (e são únicos) inteiros *q, r*, com 0 ≤ r < a e b = qa + r. Nesse contexto, os inteiros *q* e *r* são denominados *quociente* e *resto*, respectivamente.

Demonstração:

Consideramos o conjunto:

S = {b – na : a ∈ $\mathbb{Z}$} = {..., b – 2ab – a, b, b + a, b + 2a, ...}

Esse conjunto certamente contém inteiros não negativos. Selecionamos o menor deles, denominando-o de r. Nesse caso, r é da forma $r = b - qa$ para algum $q \in \mathbb{Z}$. Assim, $b = qa + r$.

Note que, pela própria definição, $r \geq 0$. Vejamos que $r < a$. Supondo por absurdo que $r \geq a$, portanto $0 \leq r - a < r$. Como o elemento $r - a \in S$, há uma contradição na definição de r.

Devemos provar, agora, a unicidade dos inteiros r e q. Supomos, então, que existem q', $r' \in \mathbb{Z}$ satisfazendo $b = q'a + r'$, com $0 \leq r' < a$. Provaremos, inicialmente, que $r' = r$. Supomos por absurdo que $r' > r$, sendo o caso $r' < r$ análogo. Assim, $r' - r > 0$ e $0 < r' - r < r' < a$. Por outro lado, temos:

$r' - r = b - q'a - (b - qa)$

$= (q - q')a$

Portanto, $a|(r' - r)$, o que é uma contradição, já que $r' - r < a$. Assim, provamos que $r' = r$. Por fim, $b - qa = b - q'a$, então $qa = q'a$. Como $a > 0$, segue que $q = q'$, atestando a unicidade do quociente e do resto da divisão de b por a. ■

Na prática, dados a e b nessas condições, o quociente e o resto da divisão de b por a são obtidos pelo conhecido algoritmo que se aprende na escola. Outro ponto importante é que, se $a < 0$, o algoritmo da divisão de b por a é possível, bastando proceder à divisão de b por $-a$ e, depois, trocar o sinal do quociente. Dessa forma, a condição sobre o resto r no caso geral é $0 \leq r < |a|$. Note que $r = 0$ se, e somente se, $a|b$.

Uma aplicação natural da divisibilidade é a representação de números em determinada base. Antes de formalizar esse conceito, cabe dizer que nosso sistema de representação de números é feito na base 10. Um exemplo disso é que, ao escrever o número 6217, estamos expressando o número:

$$6\,217 = 6 \cdot 10^3 + 2 \cdot 10^2 + 1 \cdot 10^1 + 7 \cdot 10^0$$

De maneira mais geral, a expressão $a_n a_{n-1} \ldots a_1 a_0$ representa, no sistema decimal, o número:

$$a_n 10^n + a_{n-1} 10^{n-1} + \ldots + a_1 10^1 + a_0 10^0$$

No teorema a seguir, evidenciaremos que é possível escrever um número natural em uma base qualquer arbitrariamente fixada.

Teorema 2.5

Dados $a, b \in \mathbb{N}^*$, existem únicos inteiros $r_0, r_1, \ldots, r_k$ tal que:
$a = r_k b^k + r_{k-1} b^{k-1} + \ldots + r_1 b^1 + r_0 b^0$
Em que: $k \geq 0$, $0 \leq r_i < a$ para $0 \leq i \leq k$, e $r_k \neq 0$.

Demonstração:
Dividiremos a demonstração entre existência e unicidade.

Existência

Pelo algoritmo da divisão, dividindo a por b, obtemos $q_0, r_0 \in \mathbb{Z}$ tal que:

$$a = bq_0 + r_0 \qquad 0 \leq r_0 < b$$

Dividindo q_0 por b, obtemos $q_1, r_1 \in \mathbb{Z}$ tal que:

$$q_0 = bq_1 + r_1 \qquad 0 \leq r_1 < b$$

Note que o quociente seguinte é sempre não negativo e menor que o anterior. Portanto, em um número finito de passos, obteremos um quociente nulo. Denominamos q_k o primeiro quociente nulo nesse procedimento. Obtemos, então a seguinte cadeia:

$$a = bq_0 + r_0 \qquad 0 \leq r_0 < b$$
$$q_0 = bq_1 + r_1 \qquad 0 \leq r_1 < b$$
$$q_1 = bq_2 + r_2 \qquad 0 \leq r_2 < b$$
$$\vdots$$
$$q_{k-1} = b0 + r_k \qquad 0 \leq r_k < b$$

Note que $r_k \neq 0$. Caso contrário, $q_{k-1} = 0$, contradizendo a definição de q_k. Agora, a aplicação será de maneira sistemática, substituindo em a os valores dos quocientes obtidos ao longo do procedimento, obtendo:

$$a = bq_0 + r_0$$
$$= b(bq_1 + r_1) + r_0$$
$$= b^2 q_1 + br_1 + r_0$$
$$= b^2(bq_2 + r_2) + br_1 + r_0$$
$$= b^3 q_2 + b^2 r_2 + br_1 + r_0$$
$$\vdots$$
$$= b^{k-1}(bq_{k-1} + r_{k-1}) + b^{k-2} r_{k-2} + \ldots + b^2 r_2 + br_1 + r_0$$
$$= b^k q_{k-1} + b^{k-1} r_{k-1} + b^{k-2} r_{k-2} + \ldots + b^2 r_2 + br_1 + r_0$$

Como $q_{k-1} = r_k$, temos:

$$a = b^k r_k + b^{k-1} r_{k-1} + b^{k-2} r_{k-2} + \ldots + b^2 r_2 + br_1 + r_0$$

A existência é finalmente atestada tomando $b^0 = 1$.

Unicidade

Demonstraremos a unicidade da representação por redução ao absurdo. Para tal, supomos que existem duas expressões para a:

$$a = b^k r_k + b^{k-1} r_{k-1} + b^{k-2} r_{k-2} + \ldots + b^2 r_2 + br_1 + r_0$$

$$a = b^k r'_k + b^{k-1} r'_{k-1} + b^{k-2} r'_{k-2} + \ldots + b^2 r'_2 + b r'_1 + r'_0$$

Pela unicidade dos fatores na divisão $a = b q_0 + r_0$, temos $r_0 = r'_0$. Logo:

$$b^k r_k + b^{k-1} r_{k-1} + b^{k-2} r_{k-2} + \ldots + b^2 r_2 + b r_1 =$$
$$= b^k r'_k + b^{k-1} r'_{k-1} + b^{k-2} r'_{k-2} + \ldots + b^2 r'_2 + b r'_1$$

Colocando b em evidência, obtemos:

$$b(b^{k-1} r_k + b^{k-2} r_{k-1} + b^{k-3} r_{k-2} + \ldots + b^1 r_2 + r_1) =$$
$$= b(b^{k-1} r'_k + b^{k-2} r'_{k-1} + b^{k-3} r'_{k-2} + \ldots + b^1 r'_2 + r'_1)$$

Então, temos:

$$b^{k-1} r_k + b^{k-2} r_{k-1} + b^{k-3} r_{k-2} + \ldots + b^1 r_2 + r_1 =$$
$$= b^{k-1} r'_k + b^{k-2} r'_{k-1} + b^{k-3} r'_{k-2} + \ldots + b^1 r'_2 + r'_1$$

De maneira análoga, é possível provar que $r'_i = r_i$ para $0 \leq i \leq k$. ∎

Denotamos o elemento $b^k r_k + b^{k-1} r_{k-1} + b^{k-2} r_{k-2} + \ldots + b^2 r_2 + b r_1 + r_0$ por $(r_k, r_{k-1}, \ldots, r_1, r_0)_b$. Omitimos essa notação ao considerar a base 10.

Vejamos alguns exemplos da representação de um número em determinada base.

Exemplo 2.3

Represente o número 113 na base 2.

A ideia é seguir os passos da demonstração do teorema anterior, aplicando divisões sistematicamente:

$$113 = 56 \cdot 2 + 1$$
$$56 = 28 \cdot 2 + 0$$
$$28 = 14 \cdot 2 + 0$$
$$14 = 7 \cdot 2 + 0$$
$$7 = 3 \cdot 2 + 1$$
$$3 = 1 \cdot 2 + 1$$
$$1 = 0 \cdot 2 + 1$$

Dessa forma, substituindo os quocientes, temos:

$$113 = 56 \cdot 2 + 1$$
$$= (28 \cdot 2 + 0) \cdot 2 + 1$$
$$= 28 \cdot 2^2 + 1$$
$$= (14 \cdot 2 + 0) \cdot 2^2 + 1$$
$$= \ldots$$

$$= 1 \cdot 2^6 + 1 \cdot 2^5 + 1 \cdot 2^4 + 1$$
$$= 1 \cdot 2^6 + 1 \cdot 2^5 + 1 \cdot 2^4 + 0 \cdot 2^3 + 0 \cdot 2^2 + 0 \cdot 2^1 + 1$$

Portanto, obtemos a representação $113 = (1\ 1\ 1\ 0\ 0\ 0\ 1)_2$.

Exemplo 2.4

Represente o número $(1\ 0\ 2\ 2)_3$ na base 10.

Como vimos, a base 10 consiste no nosso sistema usual de representação numérica. Por outro lado, temos:

$$1 \cdot 3^3 + 0 \cdot 3^2 + 2 \cdot 3^1 + 2 = 27 + 0 + 6 + 2 = 35$$

Logo, $(1\ 0\ 2\ 2)_3 = (3\ 5)_{10}$ ou $(1\ 0\ 2\ 2)_3 = 35$.

2.2 Máximo divisor comum

Já tratamos de alguns conceitos básicos da divisibilidade. Agora, analisaremos as relações entre os divisores de dois ou mais números. Abordaremos a noção de máximo divisor comum, conceito certamente conhecido pelo leitor, mesmo que informalmente.

Definição 2.2

Para a, b $\in \mathbb{Z}$ não simultaneamente nulos, um número c $\in \mathbb{Z}$ é divisor comum de a e b se c|a e c|b. Denotaremos o conjunto de todos os divisores comuns de a e b por D(a, b).

Note que, se c $\in$ D(a, b), temos que, se a $\neq$ 0, c $\leq$ |a|, de forma que D(a, b) é limitado superiormente, portanto tem um elemento máximo. Esse elemento será formalizado na definição a seguir.

Definição 2.3

Diz-se que c é o máximo divisor comum entre a e b se c = max D(a, b). Denotamos esse elemento por mdc(a, b).

Dados a, b $\in \mathbb{Z}$ quaisquer, mdc(a, b) > 0. Por definição, a $\neq$ 0 ou b $\neq$ 0. Sem perda de generalidade, ao assumirmos que a $\neq$ 0, temos que, se para d $\in \mathbb{Z}$, d|a e d|b, então –d|a e –d|b. Isto é, para cada elemento negativo de D(a, b), seu elemento oposto e, portanto, positivo, está contido em D(a, b).

Exemplo 2.5

Calcule o número mdc(12, 44).

Para expressar esse número, listamos os divisores de 12 e 44.

12	1	2	3	4	6	12
44	1	2	4	11	22	44

Os divisores comuns entre 12 e 44 formam o conjunto D(12,44) = {1, 2, 4}, sendo o máximo desse conjunto o elemento 4, portanto mdc(12,44) = 4.

Abordaremos, agora, a definição de ideal, a qual é essencial para o avanço da teoria.

Definição 2.4

Diz-se que $I \subset \mathbb{Z}$ é um ideal de $\mathbb{Z}$ se:

I. Para todos a, b ∈ I, temos que a + b ∈ I.
II. Para todo a ∈ I e m ∈ $\mathbb{Z}$, temos que m · a ∈ I.

Exemplo 2.6

Vejamos, a seguir, exemplos de ideais de $\mathbb{Z}$.

1. Os conjuntos I = {0} e I = $\mathbb{Z}$ são ideais triviais.
2. O conjunto dos números pares I = {0, ±2, ±4, ...} = 2$\mathbb{Z}$ é um ideal de $\mathbb{Z}$:

(1) Para $a_1, a_2, \ldots, a_n \in \mathbb{Z}$ fixos, o conjunto $I = \{a_1 x_1 + a_2 x_2 + \ldots + a_n x_n : x_1, x_2, \ldots, x_n \in \mathbb{Z}\}$ é um ideal de $\mathbb{Z}$.

(2) O conjunto dos números ímpares I = {0, ±1, ±3, ±5, ...} não é um ideal de $\mathbb{Z}$.

O próximo teorema caracteriza totalmente um ideal de $\mathbb{Z}$.

Teorema 2.6

Se $I \subset \mathbb{Z}$ é um ideal de $\mathbb{Z}$, então, existe m ∈ $\mathbb{Z}$ tal que:

$$I = m\mathbb{Z} = \{ m \cdot a : a \in \mathbb{Z}\}$$

Demonstração:

Se I = {0}, basta tomar m = 0. Caso I ≠ {0}, consideramos $I_+ = \{x \in I : x > 0\}$. Pelo item (II) da definição de ideal, $I_+ \neq \emptyset$. Pelo princípio da boa ordem, existe elemento mínimo para I_+, denotado por *m*. Pela definição de *m*, m ≤ x para todo x ∈ I_+. Agora, fixado $x_0 \in I$, pelo algoritmo da divisão existem q, r ∈ $\mathbb{Z}$ tais que x_0 = qm + r, com 0 ≤ r < m. Como r = x_0 − qm, então r ∈ I. Além disso, da condição 0 ≤ r < m, concluímos que r = 0 ou r ∈ I_+. O caso em que r ∈ I_+ contradiz com a minimalidade de *m* sobre I_+. Logo, r = 0, portanto x_0 = qm. Como x_0 foi fixado arbitrariamente, $I \subset m\mathbb{Z}$. Tendo em vista que a outra inclusão é trivial, fica provado o resultado requerido. ∎

Vejamos, a seguir, que o máximo divisor comum entre dois inteiros pode ser escrito como combinação linear inteira destes.

Teorema 2.7 (teorema de Bézout)

Se $a, b \in \mathbb{Z}$ e $c = \text{mdc}(a, b)$, existem $m, n \in \mathbb{Z}$ tais que $c = ma + nb$.

Demonstração:

Consideramos o conjunto:

$$I = \{xa + yb : x, y \in \mathbb{Z}\}$$

Como afirmado no exemplo (2), tal conjunto é um ideal. Provaremos essa afirmação. Se $x_1a + y_1b$ e $x_2a + y_2b$ são elementos de I, logo:

$$x_1a + y_1b + x_2a + y_2b = (x_1 + x_2)a + (y_1 + y_2)b \in I$$

Além disso, dado $s \in \mathbb{Z}$, temos:

$$s \cdot (x_1a + y_1b) = (sx)a + (sy)b \in I$$

Portanto, considerando o que foi provado no teorema anterior, existe $s \in \mathbb{Z}$ tal que $I = d\mathbb{Z}$. Nosso objetivo é provar que $d = \text{mdc}(a, b) = c$. Note que $a = 1 \cdot a + 0 \cdot b \in I = d\mathbb{Z}$, portanto $d|a$. Analogamente, $d|b$ de modo que $d \in D(a, b)$. Agora, consideramos $d' \in D(a, b)$. De $d \in I$, temos $d = ma + nb$ para determinados $m, n \in \mathbb{Z}$. E, de $d'|a$ e $d'|b$, temos $d'|d$. Portanto:

$$d' \leq |d'| \leq |d| = d$$

do que segue o resultado pretendido:

$$\text{mdc}(a, b) = ma + nb$$

∎

Nessa demonstração, o mdc(a, b) pode ser caracterizado como o menor elemento positivo do conjunto $I = \{xa + yb : x, y \in \mathbb{Z}\}$, dividindo todos os elementos desse conjunto. Um caso particular dessa caracterização é quando mdc(a, b) = 1, fato que ocorre se, e somente se, existirem $x, y \in \mathbb{Z}$ tais que $xa + yb = 1$.

Note que a demonstração foi feita utilizando como ideal o conjunto de combinações lineares entre *a* e *b*. Podemos estender esse resultado considerando o máximo divisor entre três, quatro e demais quantidades de elementos.

Vejamos um exemplo da representação do máximo divisor comum como descrito no teorema de Bézout.

Exemplo 2.7

Como já calculamos, mdc(12,44) = 4. Note que $4 = 4 \cdot 12 + (-1) \cdot 44$ é a representação evidenciada pelo teorema de Bézout para mdc(12,44).

Há uma segunda caracterização para o máximo divisor comum entre dois inteiros, como descrito no próximo teorema.

Teorema 2.8

Um inteiro c positivo é o máximo divisor comum entre a e b se, e somente se, cumprem-se as seguintes propriedades forem cumpridas:

I. $c|a$ e $c|b$.
II. Para $d \in \mathbb{Z}$, se $d|a$ e $d|b$, então $d|c$.

Demonstração:
Como esse teorema envolve uma equivalência, dividiremos sua demonstração em duas partes. Primeiro, vamos assumir que $c = \mathrm{mdc}(a, b)$. O item (I) é trivialmente satisfeito pela definição de máximo divisor comum. Agora, para $d \in \mathbb{Z}$, supomos que $d|a$ e $d|b$. Pelo teorema de Bézout, $c = ma + nb$ para certos $m, n \in \mathbb{Z}$, portanto $d|c$.

Agora, assumindo que $c \in \mathbb{Z}$ cumpre as hipóteses (I) e (II), de (I), temos $c \in D(a, b)$. Além disso, para $d \in D(a, b)$, pela hipótese (II), temos $d|c$. Portanto:

$d \leq |c| = c$

Logo, $c = \max D(a, b)$, isto é, $c = \mathrm{mdc}(a, b)$.

∎

Os próximos resultados referem-se às propriedades algébricas associadas ao máximo divisor comum entre dois inteiros.

Teorema 2.9

Fixados $a, b \in \mathbb{Z}$, para todo $d \in \mathbb{Z}^*$ temos $\mathrm{mdc}(da, db) = |d|\mathrm{mdc}(a, b)$.

Demonstração:
Verificaremos essa igualdade por meio do teorema anterior. Primeiro, $\mathrm{mdc}(a, b)|a$ e $\mathrm{mdc}(a, b)|b$, portanto $|d|\mathrm{mdc}(a, b)|da$ e $|d|\mathrm{mdc}(a, b)|db$, atestando o item (I) do teorema anterior. Além disso, pelo teorema de Bézout existem $m, n \in \mathbb{Z}$ tais que $\mathrm{mdc}(a, b) = ma + nb$.

Dessa forma, dado $c \in \mathbb{Z}$ tal que $c|da$ e $c|db$, temos que $c||d|a$ e $c||d|b$. Portanto, $c||d|ma + |d|nb$, isto é, $c||d|\mathrm{mdc}(a, b)$, atestando o item (II) do teorema anterior. Logo, $\mathrm{mdc}(da, db) = |d|\mathrm{mdc}(a, b)$.

Corolário 2.2

Dados $c \in \mathbb{Z}^*$ e $a, b \in \mathbb{Z}$ não simultaneamente nulos, tais que $c|a$ e $c|b$, então:

$$|c| \cdot \mathrm{mdc}\left(\frac{a}{c}, \frac{b}{c}\right) = \mathrm{mdc}(a, b)$$

Demonstração:

Utilizando o teorema anterior, temos:

$$|c| \cdot \text{mdc}\left(\frac{a}{c}, \frac{b}{c}\right) = \text{mdc}\left(c \cdot \frac{1}{c}a, c \cdot \frac{1}{c}b\right)$$

$$= \text{mdc}(a, b)$$

∎

Corolário 2.3

Considerando $a, b \in \mathbb{Z}$ não simultaneamente nulos e $d = \text{mdc}(a, b)$, nessas condições, temos:

$$\text{mdc}\left(\frac{a}{d}, \frac{b}{d}\right) = 1$$

Demonstração:

Como $d|a$ e $d|b$, basta considerar $c = d$ nesse corolário para obter o resultado desejado.

∎

Exemplo 2.8

Como $\text{mdc}(21, 35) = 7$, temos $\text{mdc}(3, 5) = \text{mdc}\left(\frac{21}{7}, \frac{35}{7}\right) = 1$.

Definição 2.5

Diz-se que $a, b \in \mathbb{Z}$ são relativamente primos se $\text{mdc}(a, b) = 1$. Alguns autores classificam esses números como *coprimos* ou *primos entre si*.

Vejamos, a seguir, um exemplo de inteiros relativamente primos.

Exemplo 2.9

Os números 20 e 21 são relativamente primos.

Para mostrar esse resultado, expressamos os divisores de 20 e de 21.

20	1	2	4	5	10	20
21	1	3	7	21		

Note que, nesse caso, $D(20, 21) = \{1\}$, de modo que $\text{mdc}(20, 21) = 1$, portanto 20 e 21 são relativamente primos.

Provaremos que, para $n \geq 1$, $\text{mdc}(n, n+1) = 1$, portanto n e $n+1$ são relativamente primos. Para isso, utilizaremos o resultado a seguir.

Teorema 2.10
Se a ∈ ℤ e d = mdc(a, a + n), nessas circunstâncias, d|n.

Demonstração:
Pela definição de máximo divisor comum, d|a e d|(a + n). Pelo item (VIII) do teorema 2.1, constatamos d|n.
∎

Corolário 2.4
Dado inteiro n > 1, temos mdc(n, n + a) = 1, portanto n e n + 1 são relativamente primos.

Demonstração:
Pelo teorema anterior, dado d = mdc(n, n + 1), temos d|1, portanto d = 1 ou d = –1. Como d > 0, então d = 1.
∎

Corolário 2.5
Dado inteiro n ≥ 1 ímpar, n e n + 2 são relativamente primos.

Demonstração:
Definido d = mdc(n, n + 2), temos d|n e d|n + 2. Pelo teorema anterior, d|2. Como d > 0, então d = 1 ou d = 2. Se d = 2, então 2|n, portanto n = 2k para algum k ∈ ℤ, contrariando a hipótese de n ser ímpar. Logo, d = 1, como objetivamos demonstrar.
∎

O próximo teorema associa o máximo divisor comum a um critério de divisibilidade.

Teorema 2.11
Considerando a, b, c ∈ ℤ tais que a|bc, se mdc(a, b) = 1, então a|c.

Demonstração:
Pelo teorema de Bézout, existem m, n ∈ ℤ tais que 1 = ma + nb.
Multiplicando ambos os lados da igualdade acima por c, temos c = m(ac) + n(bc).
Claramente a|ac, e por hipótese a|bc, então concluímos que a|c.
∎

Corolário 2.6

Considerando a, b ∈ $\mathbb{Z}$ relativamente primos, e c ∈ $\mathbb{Z}$ tal que a|c e b|c, nessas condições, temos ab|c.

Demonstração:

Como a|c, c = ra para algum r ∈ $\mathbb{Z}$. Logo, b|ra, com mdc(a, b) = 1. Então, pelo teorema anterior, b|r, portanto r = sb. Dessa forma, c = s(ab), isto é, ab|c. ∎

2.3 Algoritmo de Euclides

Nesta seção, examinaremos o algoritmo de Euclides, uma forma simples e eficiente de encontrar o máximo divisor comum entre dois números inteiros diferentes de zero. Esse método foi introduzido pelo matemático grego nos Livros VII e X de sua obra *Elementos*, por volta de 300 a.C. O algoritmo de Euclides tem por base o princípio de que o máximo divisor comum não se altera se o menor número for subtraído do maior. Esse resultado é consequência do teorema a seguir.

Teorema 2.12

Dados a, b, x ∈ $\mathbb{Z}$, temos mdc(a, b) = mdc(a, b + ax).

Demonstração:

Denotamos por d = mdc(a, b) e f = mdc(a, b + ax). Como d|a e d|b, então d|(b + ax). Por outro lado, pelo teorema de Bézout, existem m, n ∈ $\mathbb{Z}$ tais que d = ma + nb.

Dessa forma, *d* é combinação linear inteira de *a* e b + ax, implicando que f|d. Assim, fica provado que d = mdc(a, b + ax). ∎

Um caso particular desse teorema é considerar a divisão de *b* por *a*, na forma b = qa + r, portanto r = b − qa, de maneira que mdc(a, b) = mdc(a, r). Nesse caso, calcular o mdc(a, b) se reduz ao cálculo de mdc(a, r). Essa ideia é a chave para o algoritmo de Euclides, como veremos a seguir.

Considerando a, b ∈ $\mathbb{Z}$, se a = b, temos mdc(a, b) = a. Caso contrário, assumimos, sem perda de generalidade, que |b| > |a|. Assim, existem q_1, r_1 ∈ $\mathbb{Z}$ tais que:

$b = aq_1 + r_1 \qquad 0 \leq r_1 < |a|$

Logo, mdc(a, b) = mdc(a, r_1). De maneira análoga:

$a = r_1 q_2 + r_2 \qquad 0 \leq r_2 < r_1$

$r_1 = r_2 q_3 + r_3 \qquad 0 \leq r_3 < r_2$

⋮

$r_{k-2} = r_{k-1} q_k + r_k \qquad 0 \leq r_k < r_{k-1}$

Como $0 \leq r_k < r_{k-1} < \ldots < r_1$, é natural que um desses restos seja zero em um número finito de passos. Para que isso ocorra, deve haver $n \in \mathbb{N}$ tal que $r_n | r_{n-1}$. Portanto:

$$r_{n-1} = r_n q_{n+1}$$

Pelo teorema anterior, temos:

$$\text{mdc}(a, b) = \text{mdc}(a, r_1) = \text{mdc}(r_1, r_2) = \ldots = \text{mdc}(r_{n-1}, r_n)$$

Como dito, $r_n | r_{n-1}$, portanto $\text{mdc}(r_{n-1}, r_n) = r_n$ e $\text{mdc}(a, b) = r_n$.

Vejamos, a seguir, um exemplo de aplicação do algoritmo de Euclides.

Exemplo 2.10

Calcule $\text{mdc}(23\,732; 180)$ pelo algoritmo de Euclides.

Seguindo os passos, temos:

$$23\,732 = 180 \cdot 131 + 152$$
$$180 = 152 \cdot 1 + 28$$
$$152 = 28 \cdot 5 + 12$$
$$28 = 12 \cdot 2 + 4$$
$$12 = 4 \cdot 3 + 0$$

Nesse caso, o último resto não nulo é 4, portanto $\text{mdc}(23\,732; 180) = 4$.

Note que as divisões efetuadas ao longo do algoritmo podem ser expressas como:

23 732	180		180	152		152	28		28	12		12	4
152	131		28	1		12	5		4	2		0	3

Ou em forma de diagrama:

	131	1	5	2	3
23 732	180	152	28	12	(4)
152	28	12	4	0	

Dados $a, b \in \mathbb{Z}$, além de facilitar o cálculo do $\text{mdc}(a, b)$, o algoritmo de Euclides possibilita expressar tal como combinação linear inteira dos elementos *a* e *b*, a mesma garantida por Bézout. Note que, pelo algoritmo:

$$r_1 = b - aq_1$$

Substituindo o valor de r_1 na igualdade posterior, obtemos:

$$a = (b - aq_1)q_2 + r_2$$

Portanto:

$$r_2 = (1 + q_1 q_2)a - q_2 b$$

Podemos reescrever r_2 como combinação linear de a e b. Na igualdade $r_1 = r_2 q_3 + r_3$, é possível substituir as expressões de r_1 e r_2 já encontradas para reescrever r_3 como combinação de a e b. De maneira análoga, podemos proceder iterativamente até encontrar a expressão de r_n em função de a e b. Vejamos um exemplo desse procedimento a seguir.

Exemplo 2.11

Como visto no exemplo anterior, mdc(23 732; 180) = 4. Expresse esse número como combinação linear de 23 732 e 180, como assegura o teorema de Bézout. Primeiro, temos:

$$23\,732 = 180 \cdot 131 + 152$$

Assim:

$$152 = 23\,732 - 131 \cdot 180$$

Portanto:

$$\begin{aligned}
28 &= 180 - 152 \cdot 1 \\
&= 180 - (23\,732 - 131 \cdot 180) \cdot 1 \\
&= -1 \cdot 23\,732 + (1 + 131) \cdot 180 \\
&= -1 \cdot 23\,732 + 132 \cdot 180
\end{aligned}$$

Dessa forma, obtemos o valor de r_2 em função de 23 732 e 180. Analogamente:

$$\begin{aligned}
12 &= 152 - 25 \cdot 5 \\
&= 23\,732 - 131 \cdot 180 - (-1 \cdot 23\,732 + 132 \cdot 180) \cdot 5 \\
&= (1 + 5) \cdot 23\,732 - (131 + 132 \cdot 5) \cdot 180 \\
&= 6 \cdot 23\,732 - 791 \cdot 180
\end{aligned}$$

Por fim, temos:

$$\begin{aligned}
4 &= 28 - 12 \cdot 2 \\
&= (-1 \cdot 23\,732 + 132 \cdot 180) - (6 \cdot 23\,732 - 791 \cdot 180) \cdot 2 \\
&= -(1 + 6 \cdot 2) \cdot 23\,732 + (132 + 791 \cdot 2) \cdot 180 \\
&= -13 \cdot 23\,732 + 1\,714 \cdot 180
\end{aligned}$$

Obtemos, assim, mdc(23 732; 180) como combinação linear de 23 732 e 180.

2.4 Mínimo múltiplo comum

Na Seção 2.2, tratamos dos divisores comuns entre dois inteiros não simultaneamente nulos. Nesta seção, analisaremos o conjunto dos múltiplos comuns entre dois inteiros não nulos, definição que se encontra a seguir.

Definição 2.6

Dados a, b ∈ $\mathbb{Z}^*$, diz-se que c ∈ $\mathbb{Z}$ é um múltiplo comum de *a* e *b* se a|c e b|c. Denotamos o conjunto dos múltiplos comuns de *a* e *b* por M(a, b).

A nomenclatura *múltiplo comum* decorre do fato de que, se *c* é múltiplo comum de *a* e *b*, como na definição ora apresentada, existem m, n ∈ $\mathbb{Z}$ tais que c = ma e c = mb. Do conjunto M(a, b), podemos extrair apenas seus elementos positivos, obtendo o conjunto denotado por:

$$M^+(a, b) = \{a \in M(a, b) : c > 0\}$$

Esse conjunto é não vazio, já que |a · b| ∈ M^+(a, b).

Definição 2.7

Dados a, b ∈ $\mathbb{Z}^*$, o mínimo múltiplo comum de *a* e *b* é definido por:

$$\text{mmc}(a, b) = \min M^+(a, b)$$

Da definição, é trivial que o mínimo múltiplo comum entre *a* e *b* é dado pelo menor inteiro positivo divisível simultaneamente por *a* e por *b*. Vejamos um exemplo do cálculo do mínimo múltiplo comum entre dois números.

Exemplo 2.12

Calcule o mmc(6, 8).

Por definição, o mínimo múltiplo comum de 6 e 8 é divisível por tais números. Evidenciamos, a seguir, uma lista com alguns dos múltiplos positivos desses números:

6	12	18	24	30	36
8	16	24	32	40	48

Note que o menor múltiplo comum positivo entre 6 e 8 é 24, portanto mmc(6,8) = 24.

Assim como o máximo divisor comum, o mínimo múltiplo comum pode ser generalizado para um número maior de elementos envolvidos. Destacaremos, a seguir, em quais situações esse conceito pode ser aplicado.

Exemplo 2.13

Três amigos combinaram uma caminhada em uma pista circular de um parque. Para percorrer uma volta completa, o primeiro amigo leva 10 minutos, e o segundo e o terceiro gastam 12 e 15 minutos, respectivamente. Eles combinaram de terminar a caminhada quando os três se encontrarem no ponto inicial da pista. Quanto tempo levará a caminhada?

Podemos notar que, pelo tempo da volta de cada amigo, o tempo total da caminhada deverá ser simultaneamente múltiplo de 10, 12 e 15. É fácil conseguir um múltiplo desses números. Por exemplo, 10 · 12 · 15 = 1 800 minutos. Porém, a questão demanda a obtenção do menor múltiplo entre esses números. Nesse caso, a caminhada terá a duração de mmc(10, 12, 15) = 60 minutos.

A seguir, enunciaremos algumas propriedades do mínimo múltiplo comum entre dois inteiros.

Teorema 2.13

Considerando a, b ∈ $\mathbb{Z}^*$, se s ∈ $\mathbb{Z}$ é um múltiplo comum de a e b, então é múltiplo de mmc(a, b).

Demonstração:

Denotamos por m = mmc(a, b). Assim, efetuando a divisão de s por m, obtemos:

$$s = qm + r \quad 0 \leq r < m$$

Em que: q, r ∈ $\mathbb{Z}$.

Então, r = s − qm.

Portanto, r é um múltiplo de a e b, pois s e m o são. Assim, em razão da definição de m e do fato de que 0 ≤ r < m, r = 0. Logo, m|s.

■

O teorema atesta que o mínimo múltiplo comum de dois inteiros a e b é múltiplo de tais números e divisor de qualquer outro múltiplo de a e b. Com base nessa propriedade, podemos estabelecer uma nova caracterização para o mínimo múltiplo comum entre dois inteiros, como explicitaremos a seguir.

Teorema 2.14

Dados a, b ∈ $\mathbb{Z}^*$ e m ∈ $\mathbb{Z}^*$, temos m = mmc(a, b) se, e somente se, forem satisfeitas as seguintes condições:

I. a|m e b|m.
II. Se a|c e b|c, então m|c.

Demonstração:

Pelo teorema anterior, m = mmc(a, b) cumpre as condições exigidas no enunciado. Por outro lado, se a|m e b|m, então m é múltiplo comum de a e b, isto é, m ∈ M^+(a, b). Por sua vez, para m ∈ M^+(a, b), múltiplo comum de a e b, temos por (II) que m|c. Portanto, m ≤ c, atestando que m = minM^+(a, b) = mmc(a, b).

■

O próximo resultado traz algumas propriedades algébricas do mínimo múltiplo comum entre dois inteiros.

Teorema 2.15
Se a, b ∈ ℤ*, as seguintes afirmações são verdadeiras:

I. Dado t ∈ ℤ, então mmc(at, bt) = |t| · mmc(a, b).

II. Dado t ∈ ℤ divisor comum entre *a* e *b*, então $|t| \operatorname{mmc}\left(\dfrac{a}{t}, \dfrac{b}{t}\right) = \operatorname{mmc}(a, b)$.

Demonstração:

Denotamos m = mmc(a, b).

(I) Pela definição de *m*, temos a|m e b|m, portanto at| |t|m e bt| |t|m, cumprindo a condição (I) do teorema anterior. Além disso, dado c ∈ ℤ tal que at|c e bt|c, existem *x* e *y* inteiros tais que:

c = atx = bty

Como ax = by é múltiplo comum de *a* e *b*, é múltiplo de *m*. Logo, c = atx = bty é múltiplo de |t|m, cumprindo o item (II) do teorema anterior, atestando, portanto, que:

(I) mmc(at, bt) = |t| · m

= |t| · mmc(a, b)

(II) Obtido diretamente do item anterior.

∎

O próximo teorema relaciona o máximo divisor comum ao mínimo divisor comum de dois inteiros, como examinaremos a seguir.

Teorema 2.16
Dados a, b ∈ ℤ*, então mdc(a, b) · mmc(a, b) = |ab|.

Demonstração:

Denotamos por d – mdc(a, b) e m = mmc(a, b). Sem perda de generalidade, supomos que *a* e *b* sejam positivos. Dividiremos essa demonstração em dois casos, como segue.

Primeiro caso: a e b são relativamente primos
Nesse caso, d = 1 e basta mostrar que m = ab. Pela definição de mínimo múltiplo comum, existe x ∈ ℤ tal que m = ax. Por outro lado, como b|m, temos b|ax. Por *a* e *b* serem relativamente primos, do teorema 2.12 que b|x. Logo, x = by para algum y ∈ ℤ. Dessa forma, obtemos:

m = aby

Sendo por definição *m* o menor múltiplo comum positivo de *a* e *b*, e *ab* um múltiplo comum positivo de *a* e *b*, temos m = ab, demonstrando o primeiro caso.

Segundo caso: a e b satisfazem d = mdc(a, b) > 1

Pelo corolário 2.2, temos:

$$\text{mdc}\left(\frac{a}{d}, \frac{b}{d}\right) = 1$$

Logo, pelo corolário 2.2 e pelo teorema 2.16 podemos multiplicar ambos os lados da expressão anterior por d^2, obtendo:

mdc(a, b) · mmc(a, b) = ab

∎

Esse teorema fornece um processo de cálculo do mínimo múltiplo comum com base no máximo divisor comum, utilizando o algoritmo de Euclides. Outra questão interessante é que podem ser extraídas propriedades do mínimo múltiplo a partir de propriedades do máximo divisor comum já demonstradas. Na próxima seção, evidenciaremos uma forma alternativa de obtenção do mínimo múltiplo e máximo divisor comum utilizando o conceito de números primos.

2.5 Números primos

A humanidade conhece os números primos há muito tempo. Evidências arqueológicas, como o papiro de Rhindi, revelam que povo egípcio já realizava operações com esses números. No entanto, os mais antigos registros de um estudo formal sobre o tema são atribuídos aos gregos. Nesta seção, estudaremos esse conceito – um dos mais importantes da teoria dos números.

Definição 2.8

Diz-se que $p \in \mathbb{Z}$ é *primo* se existem exatamente dois naturais divisores de *p*, nomeadamente, 1 e |p|.

Exemplo 2.14

Os primeiros primos positivos são 2, 3, 5, 7, 11, 13, 17, ...

Note que os números –1, 0 e 1 não são primos. Todo número que não é primo, com exceção de –1, 0 e 1, é denominado *composto*.

Exemplo 2.15

O número 28 é composto, pois tem como divisores positivos os números 1, 2, 4, 7, 14 e 28. Relativamente ao exemplo anterior, destacamos que $28 = 2^2 \cdot 7$, isto é, 28 pode ser reescrito como multiplicação de números primos. Provaremos, logo mais, que essa característica estende-se a todos os inteiros.

Teorema 2.17

Considerando a, b, p ∈ ℤ, em que p é primo, as seguintes afirmações são verdadeiras:

I. Se p∤a, então mdc(p, a) = 1.
II. Se p|ab, então p|a ou p|b.

Demonstração:

(I) Pela definição de d = mdc(p, a), temos d|p e d|a. Como p é primo, D = 1 ou d = |p|. Como p∤a, temos |p|∤a, portanto d = 1.

(II) Dado que p|ab, supomos que p∤a. Assim, pelo item (I) mdc(p, a) = 1. Pelo teorema 2.12, temos p|b.

■

É possível estender o resultado obtido no item (II) do teorema anterior, como enunciaremos a seguir.

Teorema 2.18

Considerando $a_1, a_2, \ldots, a_n, p \in \mathbb{Z}$, em que p é primo, se $p|a_1 a_2 \ldots a_n$, então $p|a_k$ para algum k, com $1 \leq k \leq n$.

■

A demonstração segue de maneira análoga ao teorema 2.18, ficando como exercício para o leitor.

Teorema 2.19

Qualquer inteiro a com |a| > 1 pode ser escrito como produto de números primos de maneira única, desprezando permutações de fatores.

Demonstração:

Sem perda de generalidade, assumimos que a seja positivo.

Existência

Se a for primo, temos um produto de apenas um fator, não restando o que provar. Supomos que a seja composto. Designando por p_1 o menor divisor inteiro de a, cumpri-se $1 < p_1 < a$. Assim, p_1 é primo. De fato, caso p_1 fosse composto, haveria $1 < s < p_1$ com $s|p_1$, portanto s|a, o que contraria a definição de p_1. Logo, podemos reescrever $a = p_1 a_1$, em que $a_1 \in \mathbb{Z}$. Se a_1 for primo, a prova está terminada. Caso contrário, a_1 é composto, havendo $1 < p_2 < a_1$ tal que p_2 é o menor divisor de a_1. Logo, p_2 é primo e $a = p_1 p_2 a_2$.

Continuando de maneira análoga, esse processo terminará em um número finito de passos, já que $1 < p_k < a_{k-1} < \ldots < a_1$ para todo k. Logo, obteremos a_{n-1} primo para algum n ∈ ℤ. Denotemos $p_n = a_{n-1}$, obtendo a fatoração:

$$a = p_1 p_2 \cdots p_n$$

Unicidade

Suponhamos por redução ao absurdo que a pode ser escrito de duas maneiras diferentes como produto de fatores primos. Assim, é possível obter:

$$p_1 p_2 \cdots p_n = p'_1 p'_2 \cdots p'_n$$

Podemos supor já retirados os fatores comuns das duas representações, isto é, não há nenhum primo presente em ambos os lados dessa igualdade. Assim, é trivial que $p_1 | p_1 p_2 \cdots p_n$, portanto $p_1 | p'_1 p'_2 \cdots p'_n$. Pelo teorema 2.19, existe $1 \le k \le n$ tal que $p_1 | p'_1$. Como ambos são primos, então $p_1 = p'_k k$, contradizendo a hipótese.

■

Corolário 2.7 (teorema fundamental da aritmética)

Dado $a \in \mathbb{Z}$ com $|a| > 1$, existem primos positivos $p_1 < p_2 < \ldots < p_n$ e naturais não nulos $\alpha_1 < \alpha_2 < \ldots < \alpha_n$ tais que a pode ser escrito de maneira única como:

$$a = \text{sign}(a) \cdot p_1^{\alpha_1} p_2^{\alpha_2} \ldots p_n^{\alpha_n}$$

Em que:

$$\text{sign}(a) = \begin{cases} 1 & \text{se } a \ge 0 \\ -1 & \text{se } a < 0 \end{cases}$$

Demonstração:

Do teorema anterior, a pode ser escrito de maneira única como:

$$a = q_1 q_2 \cdots q_r$$

Em que: $q_1, q_2, \ldots, q_r$ são primos.

É possível considerá-los todos positivos, estabelecendo a igualdade:

$$a = \text{sign}(a) \cdot q_1 q_2 \cdots q_r$$

Assim, basta tomar o menor deles, q_k, e denominá-lo p_1. O coeficiente α_1 denota a quantidade de repetições de q_k na expressão apresentada. Aplicando esse processo, obtemos a expressão:

$$a = \text{sign}(a) \cdot p_1^{\alpha_1} p_2^{\alpha_2} \ldots p_n^{\alpha_n}$$

■

Exemplo 2.16
Segue a fatoração de alguns números inteiros:

$$147 = 3 \cdot 7^2$$
$$512 = 2^9$$
$$726 = 2 \cdot 3 \cdot 11^2$$

Com base no teorema fundamental da aritmética, podemos revisitar alguns conceitos de divisibilidade, como o máximo divisor comum e o mínimo múltiplo comum. Os próximos teoremas apresentam ferramentas que serão utilizadas nessa análise, mais aprofundada.

Teorema 2.20
Dados $a, b \in \mathbb{Z}\setminus\{-1, 0, 1\}$, existem primos positivos $p_1 < p_2 \ldots < p_n$ e naturais (eventualmente nulos) $\alpha_1, \alpha_2, \ldots, \alpha_n, \beta_1, \beta_2, \ldots, \beta_n$ tais que a e b podem ser escritos de maneira única como:

$$a = \text{sign}(a) \cdot p_1^{\alpha_1} p_2^{\alpha_2} \ldots p_n^{\alpha_n}$$

$$b = \text{sign}(b) \cdot p_1^{\beta_1} p_2^{\beta_2} \ldots p_n^{\beta_n}$$

Demonstração:

Pelo corolário 2.7, existem primos positivos $q_1 < q_2 \ldots < q_r$, $q'_1 < q'_2 \ldots < q'_r$, e naturais não nulos $\gamma_1, \gamma_2, \ldots, \gamma_n, \gamma'_1, \gamma'_2, \ldots, \gamma'_s$ tais que:

$$a = \text{sign}(a) \cdot q_1^{\gamma_1} q_2^{\gamma_2} \ldots q_r^{\gamma_r}$$

$$b = \text{sign}(b) \cdot q_1^{'\gamma'_1} q_2^{'\gamma'_2} \ldots q_s^{'\gamma'_s}$$

Definindo $p_1 < p_2 \ldots < p_n$ como a reordenação crescente da lista $q_1, q_2, \ldots, q_r, q'_1, q'_2, \ldots, q'_s$, temos:

$$a = \text{sign}(a) \cdot p_1^{\alpha_1} p_2^{\alpha_2} \ldots p_n^{\alpha_n}$$

$$b = \text{sign}(b) \cdot p_1^{\beta_1} p_2^{\beta_2} \ldots p_n^{\beta_n}$$

Os α_i (ou β_i) são nulos no caso de p_i não estar *a priori* na representação de a (ou b). A unicidade provém diretamente da unicidade apresentada no corolário 2.7. ∎

Exemplo 2.17

Represente os números 200 e 66 como no teorema anterior.

A representação atestada pelo teorema fundamental da aritmética dos números 200 e 66 é dada por:

$$200 = 2^3 \cdot 5^2$$
$$66 = 2^1 \cdot 3^1 \cdot 11^1$$

Assim, obtemos a lista de primos $2 < 3 < 5 < 11$, de forma que:

$$200 = 2^3 \cdot 3^0 \cdot 5^2 \cdot 11^0$$
$$66 = 21 \cdot 31+ \cdot 50 \cdot 111$$

Utilizando a representação em fatores primos dada no último teorema, podemos encontrar uma condição de fácil verificação para a divisibilidade de dois inteiros, como explicitaremos a seguir.

Teorema 2.21

Dados $a, b \in \mathbb{Z}\setminus\{-1, 0, 1\}$ e suas respectivas representações:

$$a = \text{sign}(a) \cdot p_1^{\alpha_1} p_2^{\alpha_2} \cdots p_n^{\alpha_n}$$

$$b = \text{sign}(b) \cdot p_1^{\beta_1} p_2^{\beta_2} \cdots p_n^{\beta_n}$$

Temos $a|b$ se, e somente se, $\alpha_i \leq \beta_i$ para todo $1 \leq i \leq n$.

Demonstração:

Se $\alpha_i \leq \beta_i$ para todo $1 \leq i \leq n$, existem naturais γ_i tais que $\beta_i = \alpha_i + \gamma_i$, $1 \leq i \leq n$. Assim:

$$b = \text{sign}(b) \cdot p_1^{\beta_1} p_2^{\beta_2} \cdots p_n^{\beta_n}$$
$$= \text{sign}(b) \cdot p_1^{\alpha_1} p_1^{\gamma_1} p_2^{\alpha_2} p_2^{\gamma_2} \cdots p_n^{\alpha_n} p_n^{\gamma_n}$$

Reordenando os termos e sabendo que $1 = \text{sign}(a) \cdot \text{sign}(a)$, temos:

$$b = \text{sign}(b) \cdot \text{sign}(a) \cdot p_1^{\gamma_1} p_2^{\gamma_2} \cdots p_n^{\gamma_n} \cdot \text{sign}(a) \cdot p_1^{\alpha_1} p_2^{\alpha_2} \cdots p_n^{\alpha_n}$$
$$= \text{sign}(b) \cdot \text{sign}(a) \cdot p_1^{\gamma_1} p_2^{\gamma_2} \cdots p_n^{\gamma_n} \cdot a$$

Portanto, $a|b$.

Por outro lado, supomos que a|b. Então, existe c ∈ ℤ tal que b = ac. É claro que, na representação em fatores primos de *c*, não aparece um primo diferente de $p_1, \ldots, p_n$, caso contrário, tal primo estaria na representação de *b*. Assim, para certos números naturais $\gamma_1, \ldots, \gamma_n$, temos:

$$c = \text{sign}(c) \cdot p_1^{\gamma_1} p_2^{\gamma_2} \cdots p_n^{\gamma_n}$$

Portanto:

$$b = ac$$
$$= \text{sign}(a) \cdot p_1^{\alpha_1} p_2^{\alpha_2} \cdots p_n^{\alpha_n} \cdot \text{sign}(c) \cdot p_1^{\gamma_1} p_2^{\gamma_2} \cdots p_n^{\gamma_n}$$
$$= \text{sign}(a) \cdot \text{sign}(c) p_1^{\alpha_1} p_1^{\gamma_1} p_2^{\alpha_2} p_2^{\gamma_2} \cdots p_n^{\alpha_n} p_n^{\gamma_n}$$
$$= \text{sign}(a) \cdot \text{sign}(c) \cdot p_1^{\alpha_1+\gamma_1} \cdots p_n^{\alpha_n+\gamma_n}$$

Logo, pela unicidade na representação de *b*, temos $\beta_i = \alpha_i + \gamma$ para $1 \leq i \leq n$. Como α_i e γ_i são não negativos, então $\alpha_i \leq \beta_i$ para $1 \leq i \leq n$. ∎

Agora, já dispomos de ferramentas suficientes para caracterizar os conceitos de máximo divisor comum e mínimo múltiplo comum utilizando os números primos, como segue.

Teorema 2.22

Dados a, b ∈ ℤ\{−1, 0, 1} e suas respectivas representações:

$$a = \text{sign}(a) \cdot p_1^{\alpha_1} p_2^{\alpha_2} \cdots p_n^{\alpha_n}$$

$$b = \text{sign}(b) \cdot p_1^{\beta_1} p_2^{\beta_2} \cdots p_n^{\beta_n}$$

Temos:

$$\text{mdc}(a,b) = p_1^{\gamma_1} p_1^{\gamma_2} \cdots p_n^{\gamma_n} \qquad \gamma_i = \min\{\alpha_i, \beta_i\}, \ 1 \leq i \leq n$$

$$\text{mmc}(a,b) = p_1^{\eta_1} p_1^{\eta_2} \cdots p_n^{\eta_n} \qquad \eta_i = \max\{\alpha_i, \beta_i\}, \ 1 \leq i \leq n$$

Demonstração:

Primeiro, denotamos por:

$$d = p_1^{\gamma_1} p_1^{\gamma_2} \cdots p_n^{\gamma_n} \qquad \gamma_i = \min\{\alpha_i, \beta_i\} \quad 1 \leq i \leq n$$

Devemos provar que d = mdc(a, b). Pela definição de d, $\gamma_i \leq \alpha_i$, β_i $1 \leq i \leq n$, então, do teorema anterior, d|a e d|b. Por outro lado, qualquer inteiro c tal que c|a e c|b pode ser denotado por:

$$c = p_1^{\phi_1} p_1^{\phi_2} \cdots p_n^{\phi_n}$$

Em que: $\phi_i \leq \alpha_i, \beta_i$ e $1 \leq i \leq n$

Logo, $\phi_i \leq \min\{\alpha_i, \beta_i\} = \gamma_i$ e, novamente pelo teorema anterior, c|d. Assim, fica provado que d = mdc(a, b).

Agora, denotamos por:

$$m = p_1^{\eta_1} p_1^{\eta_2} \cdots p_n^{\eta_n} \qquad \eta_i = \max\{\alpha_i, \beta_i\} \quad 1 \leq i \leq n$$

Devemos provar que m = mmc(a, b). Pela definição de m, $\eta_i \leq \alpha_i$, β_i $1 \leq i \leq n$, e do teorema anterior, temos a|m e b|m. Por outro lado, qualquer inteiro c tal que a|c e b|c pode ser denotado por:

$$c = p_1^{\phi_1} p_1^{\phi_2} \cdots p_n^{\phi_n}$$

Em que: $\phi_i \geq \alpha_i, \beta_i$ e $1 \leq i \leq n$.

Logo, $\phi_i \geq \max\{\alpha_i, \beta_i\} = \eta_i$ e, novamente pelo teorema anterior, m|c. Assim, fica provado que m = mmc(a, b). ∎

Exemplo 2.18

Calcule mdc(162,180) e mmc(162,180).

Temos:

$$162 = 2^1 \cdot 3^4$$
$$180 = 2^2 \cdot 3^2 \cdot 5^1$$

Reescrevendo esses números em função dos mesmos primos, obtemos:

$$162 = 2^1 \cdot 3^4 \cdot 5^0$$
$$180 = 2^2 \cdot 3^2 \cdot 5^1$$

Pelo teorema anterior, temos:

$$\text{mdc}(162,180) = 2^1 \cdot 3^4 \cdot 5^0 = 18$$
$$\text{mmc}(162,180) = 2^2 \cdot 3^2 \cdot 5^1 = 1\,620$$

Efetivamente, em muitos casos, o algoritmo de Euclides é um processo mais eficaz para a determinação do mdc quando comparado ao processo apresentado no último teorema. Isso porque o último teorema exige o conhecimento da fatoração em primos dos números em questão, o que nem sempre é de fácil obtenção.

Teorema 2.23

Considerando inteiros positivos a, b relativamente primos, temos que d|ab se, e somente se, existirem d_1, d_2 inteiros positivos relativamente primos tais que $d_1|a$ e $d_2|b$ tais que $d_1 d_2 = d$.

Demonstração:

Consideramos as representações de a e b em fatores primos:

$$a = p_1^{\alpha_1} p_2^{\alpha_2} \ldots p_n^{\alpha_n}$$

$$b = q_1^{\beta_1} q_2^{\beta_2} \ldots q_r^{\beta_r}$$

Do teorema anterior, como mdc(a, b) = 1, os conjuntos $\{p_1, \ldots, p_n\}$ e $\{q_1, \ldots, q_r\}$ são disjuntos. Assim:

$$ab = p_1^{\alpha_1} p_2^{\alpha_2} \ldots p_n^{\alpha_n} q_1^{\beta_1} q_2^{\beta_2} \ldots q_r^{\beta_r}$$

Por d|ab, do teorema 2.23, temos que d é da forma:

$$d = p_1^{\gamma_1} p_2^{\gamma_2} \ldots p_n^{\gamma_n} q_1^{\eta_1} q_2^{\eta_2} \ldots q_r^{\eta_r}$$

Em que: $0 \leq \gamma_i \leq \alpha_i$, $1 \leq i \leq n$ e $0 \leq \eta_j \leq \beta_j$, $1 \leq j \leq r$.

Portanto, satisfazendo as condições do teorema, existem:

$$d_1 = p_1^{\gamma_1} p_2^{\gamma_2} \ldots p_n^{\gamma_n}$$

$$d_2 = q_1^{\eta_1} q_2^{\eta_2} \ldots q_r^{\eta_r}$$

A outra implicação do teorema é trivial, ficando como exercício para o leitor. ∎

Note que, como já foi mencionado, os números primos têm apenas dois divisores positivos, e os números compostos têm sempre mais. Uma pergunta que surge naturalmente é se existe a possibilidade de determinar o número exato de divisores positivos de um inteiro. Demonstraremos que isso é possível e que a decomposição em fatores primos tem um papel fundamental nessa determinação.

Definição 2.9

Dado a ∈ ℤ, denotamos por N(a) o número de divisores positivos de a.

Tal definição contempla entre os divisores de a os valores 1 e |a|. Nesse caso, para todo a primo, N(a) = 2.

Exemplo 2.19

Os divisores positivos de 6 são 1, 2, 3 e 6. Assim, N(6) = 4.

Teorema 2.24

Dado a, b ∈ ℤ\{–1, 0, 1} e sua representação em fatores primos:

$$a = \text{sign}(a) \cdot p_1^{\alpha_1} p_2^{\alpha_2} \cdots p_n^{\alpha_n}$$

Temos:

$$N(a) = (\alpha_1 + 1) \cdot (\alpha_2 + 1) \cdot \ldots \cdot (\alpha_n + 1)$$

Demonstração:

Pelo teorema 2.26, os divisores positivos de a são da forma:

$$p_1^{\gamma_1} p_2^{\gamma_2} \cdots p_n^{\gamma_n}$$

Em que: γ_i é um natural menor ou igual a α_i, $1 \leq i \leq n$, isto é, $0 \leq \gamma_i \leq \alpha_i$. Assim, para cada γ_i, temos $\alpha_i + 1$ possibilidades.

Portanto:

$$N(a) = (\alpha_1 + 1) \cdot (\alpha_2 + 1) \cdot \ldots \cdot (\alpha_n + 1)$$

∎

Exemplo 2.20

Calcule o número de divisores do número 3 900.

Temos: $3\,900 = 2^2 \cdot 3^1 \cdot 5^2 \cdot 13^1$, portanto:

$$N(3\,900) = (2 + 1) \cdot (1 + 1) \cdot (2 + 1) \cdot (1 + 1) = 36$$

Definição 2.10

Um inteiro a é quadrado perfeito se existe b ∈ ℤ tal que $a = b^2$.

Exemplo 2.21
Enunciemos, a seguir os 50 primeiros quadrados perfeitos:

$1^2 = 1$	$11^2 = 121$	$21^2 = 441$	$31^2 = 961$	$41^2 = 1\,681$
$2^2 = 4$	$12^2 = 144$	$22^2 = 484$	$32^2 = 1\,024$	$42^2 = 1\,764$
$3^2 = 9$	$13^2 = 169$	$23^2 = 529$	$33^2 = 1\,089$	$43^2 = 1\,849$
$4^2 = 16$	$14^2 = 196$	$24^2 = 576$	$34^2 = 1\,156$	$44^2 = 1\,936$
$5^2 = 25$	$15^2 = 225$	$25^2 = 625$	$35^2 = 1\,225$	$45^2 = 2\,025$
$6^2 = 36$	$16^2 = 256$	$26^2 = 676$	$36^2 = 1\,296$	$46^2 = 2\,116$
$7^2 = 49$	$17^2 = 289$	$27^2 = 729$	$37^2 = 1\,369$	$47^2 = 2\,209$
$8^2 = 64$	$18^2 = 324$	$28^2 = 784$	$38^2 = 1\,444$	$48^2 = 2\,304$
$9^2 = 81$	$19^2 = 361$	$29^2 = 841$	$39^2 = 1\,521$	$49^2 = 2\,401$
$10^2 = 100$	$20^2 = 400$	$30^2 = 900$	$40^2 = 1\,600$	$50^2 = 2\,500$

Teorema 2.25
Dado a $\in \mathbb{Z}$, a é quadrado perfeito se, e somente se, N(a) for ímpar.

Demonstração:

Dada a fatoração:

$$a = p_1^{\alpha_1} p_2^{\alpha_2} \cdots p_n^{\alpha_n}$$

Temos que a é um quadrado perfeito se, e somente se, $\alpha_1, \alpha_2, \ldots, \alpha_n$ forem pares (verifique) e, portanto, $\alpha_1 + 1, \alpha_2 + 1, \ldots, \alpha_n + 1$ são ímpares. Como a multiplicação de números ímpares é um número ímpar, constatamos que é ímpar:

$$N(a) = (\alpha_1 + 1) \cdot (\alpha_2 + 1) \cdot \ldots \cdot (\alpha_n + 1)$$

∎

Pelo que já foi abordado em nossa teoria, os números inteiros dividem-se em três classes:

I. Os números –1, 0 e 1.
II. Os números primos.
III. Os números compostos.

É fácil ver que existem infinitos números compostos, por exemplo, todos os múltiplos de 4. Assim, é natural perguntar se o conjunto dos números primos é finito ou infinito. Essa pergunta foi respondida por Euclides em sua obra *Os elementos* (Livro IX, Proposição 20), sendo outras demonstrações realizadas *a posteriori* por diversos matemáticos, como Euler e Furstenberg.

Teorema 2.26

O conjunto dos números primos é infinito.

Demonstração:

Supondo por absurdo que o conjunto dos números primos é finito, podemos ordenar tais elementos em uma lista, a qual denotamos por:

$p_1, p_2, \ldots, p_n$

Agora, definimos $a = p_1 \cdot p_2 \cdot \ldots \cdot p_n + 1$. Note que a é maior que qualquer primo, portanto é um número composto, sendo divisível por algum dos primos da lista. Suponhamos, sem perda de generalidade, que $p_1 | a$. Então, existe inteiro c tal que $a = cp_1$. Assim:

$p_1 \cdot p_2 \cdot \ldots \cdot p_n + 1 = cp_1$

Portanto:

$p_1 \cdot (c - p_2 \cdot \ldots \cdot p_n) = 1$

Logo, $p_1 | 1$ o que é uma contradição.

∎

Há resultados similares a esse atestando a existência de infinitos números primos, porém especificando a forma desses números. Enunciaremos um desses resultados a seguir, apresentado inicialmente por Dirichlet.

Teorema 2.27

Dados $a, b \in \mathbb{N}$, com $\mathrm{mdc}(a, b) = 1$, existem infinitos primos da forma $a + bn$, com $n \in \mathbb{N}$.

∎

A demonstração desse resultado utiliza elementos de variáveis complexas, não integrando o escopo deste trabalho. De qualquer forma, é possível provar resultados mais simples com nossas ferramentas, sendo tais casos particulares desse teorema, como abordaremos a seguir.

Teorema 2.28

Existem infinitos primos da forma $4n + 3$, em que $n \in \mathbb{N}$.

Demonstração:

Supondo por redução ao absurdo que o número de primos da forma $4n + 3$ é finito, consideramos a listagem desses números por:

$p_1, p_2, \ldots, p_n$

Assim, temos o elemento:

$$a = 4p_1 \cdot p_2 \cdot \ldots \cdot p_n - 1$$
$$= 4p_1 \cdot p_2 \cdot \ldots \cdot p_n - 4 + 3$$
$$= 4(p_1 \cdot p_2 \cdot \ldots \cdot p_n - 1) + 3$$

Seja, ainda, a fatoração em primos de a dada por:

$$a = q_1 q_2 \ldots q_m$$

Admitimos, aqui, eventuais repetições entre os termos. Note que a é ímpar, portanto $q_i \neq 2$ para $1 \leq i \leq m$. Então, para todo $1 \leq i \leq m$, temos $q_i = 4x + 1$ ou $q_i = 4x + 3$ para algum $x \in \mathbb{N}$.

Por outro lado, a multiplicação de dois números da forma $4x + 1$ ainda é um número dessa forma, isto é, para $x, y \in \mathbb{N}$:

$$(4x + 1) \cdot (4y + 1) = 16xy + 4x + 4y + 1$$
$$= 4(4xy + x + y) + 1$$
$$= 4z + 1$$

Portanto, como a é da forma $4x + 3$, deve-se ter pelo menos um j, com $1 \leq j \leq m$, tal que $q_j = 4x + 3$ para algum $x \in \mathbb{N}$. A contradição será gerada do fato de que q_j não pertence à lista de primos inicialmente declarada. De fato, se $p_i = q_j$ para algum $1 \leq i \leq m$, teríamos $q_j | p_1 \cdot p_2 \cdot \ldots \cdot p_n$, e, também, $q_j | a$, de modo que:

$$q_j | 4 p_1 \cdot p_2 \cdot \ldots \cdot p_n - a$$

Logo, $q_j | 1$, o que é uma contradição. ∎

Assim, provamos que, há primos arbitrariamente grandes. Porém, quanto maior o número, mais difícil é determiná-lo como primo ou composto. O próximo teorema auxilia nessa classificação dos números inteiros.

Teorema 2.29

Se um número $a \in \mathbb{N}$ for composto, certamente terá um fator primo menor ou igual a $\sqrt{a}$.

Demonstração:

Consideramos a fatoração em primos:

$$a = p_1, p_2, \ldots, p_n$$

Como a é composto, certamente $n \geq 2$. Supomos por redução ao absurdo que $p_i > \sqrt{a}$ para todo $1 \leq i \leq n$. Assim, $p_1 \cdot p_2 > \sqrt{a} \cdot \sqrt{a} = a$, contradizendo a representação de a em fatores primos.

∎

Efetivamente, o que esse teorema revela é que, dado um número a, para verificar a possibilidade de ele ser composto, precisamos saber se é divisível pelos primos menores ou iguais a $\sqrt{a}$. Caso não seja, teremos a certeza de que a é primo.

Exemplo 2.22

Verifique se o número 137 é primo.

Para essa verificação, note que $11 < \sqrt{137} < 12$, portanto devemos verificar se 137 é divisível por 2, 3, 5, 7 e 11. Após essa análise, podemos concluir que 137 é um número primo.

Apesar de o teorema 2.30 auxiliar na determinação de números primos, esse ainda é um problema de difícil solução. Há processos de determinação de números primos sob certo limitante superior estabelecido, sendo um dos mais antigos o crivo de Eratóstenes, um método simples e prático para encontrar números primos até certo valor-limite. Foi criado pelo matemático grego Eratóstenes (285 a.C.–194 a.C.), o terceiro bibliotecário-chefe da Biblioteca de Alexandria.

Estabelecido o limitante, é preciso criar uma lista com todos os naturais entre 2 e o limite. Fixamos o primeiro primo da lista, nomeadamente o 2, e retiramos todos os seus múltiplos da lista. Posteriormente, fixamos o 3 e retiramos todos os seus múltiplos. Procedendo dessa forma, os números que restarem ao final do processo serão todos os primos, até o limite estabelecido. Vale ressaltar que, dado limitante L, pelo teorema anterior, devemos retirar os múltiplos até o maior primo menor que $\sqrt{L}$. Vejamos, a seguir, um exemplo do crivo de Eratóstenes.

Exemplo 2.23

Determine todos os primos entre 2 e 100.

Primeiro, criamos a lista com todos os naturais entre 2 e 100.

	2	3	4	5	6	7	8	9	10
11	12	13	14	15	16	17	18	19	20
21	22	23	24	25	26	27	28	29	30
31	32	33	34	35	36	37	38	39	40
41	42	43	44	45	46	47	48	49	50
51	52	53	54	55	56	57	58	59	60
61	62	63	64	65	66	67	68	69	70
71	72	73	74	75	76	77	78	79	80
81	82	83	84	85	86	87	88	89	90
91	92	93	94	95	96	97	98	99	100

Retiremos os múltiplos de 2, obtemos:

	2	3	5	7	9
	11	13	15	17	19
	21	23	25	27	29
	31	33	35	37	39
	41	43	45	47	49
	51	53	55	57	59
	61	63	65	67	69
	71	73	75	77	79
	81	83	85	87	89
	91	93	95	97	99

Agora, retiramos os múltiplos de 3 que não foram extraídos anteriormente:

	2	3	4	5	7	8	10
	11	13	14		17		19
		23		25			29
	31			35	37		
	41	43			47		49
		53		55			59
	61			65	67		
	71	73			77		79
		83		85			89
	91			95	97		

Analogamente, retiramos os múltiplos de 5:

	2	3	5	7	
	11	13		17	19
		23			29
	31			37	
	41	43		47	49
		53			59
	61			67	
	71	73		77	79
		83			89
	91			97	

E, finalmente, retiramos os múltiplos de 7, obtendo a relação de todos os primos entre 2 e 100:

	2	3	5	7	
11		13		17	19
		23			29
31				37	
41		43		47	
		53			59
61				67	
71		73			79
		83			89
				97	

Portanto, os números primos entre 2 e 100 são 2, 3, 5, 7, 11, 13, 17, 19, 23, 29, 31, 37, 41, 43, 47, 53, 59, 61, 67, 71, 73, 79, 83, 89 e 97.

Há, atualmente, algoritmos mais sofisticados para a determinação de primos até um valor limite, como o crivo de Atkin, criado em 2003 por Arthur Oliver Lonsdale Atkin e Daniel J. Bernstein. Trata-se de uma versão aprimorada do crivo de Eratóstenes.

Além desses procedimentos, diversos outros matemáticos desenvolveram estimativas para encontrar números primos. Uma delas é facilmente obtida pelo postulado de Bertrand, segundo o qual é sempre possível encontrar um número primo entre um inteiro fixado e seu dobro. A prova desse postulado foi introduzida por Chebyshev em 1850, e não será apresentada aqui por utilizar conceitos que não foram abordados no texto.

Teorema 2.30 (postulado de Bertrand)

Dado um inteiro m ≥ 2, existe um primo p satisfazendo m < p < 2m.

Corolário 2.8

Para p_n, o enésimo primo, é válido que $p_n \leq 2^n$.

Demonstração:

Provaremos este resultado por indução. Primeiro, $p_1 = 2 \leq 2^1$. Supondo válido o resultado para n fixo, pelo teorema anterior, temos:

$$p_n < p_{n+1} < p_n \leq 2 \cdot 2^n = 2^{n+1}$$

∎

Exemplo 2.24

Pela estimativa obtida, $p_6 \leq 2^6 = 64$. De fato, $p_6 = 13$. Note que essa estimativa pode ser bem ruim.

O próximo teorema afirma que é possível encontrar primos tão afastados quanto se deseje.

Teorema 2.31

Dado n ∈ ℕ*, é possível encontrar n números compostos consecutivos.

Demonstração:

Para n ≥ 1 inteiro qualquer, os números (n + 1)! + 2, (n + 1)! + 3, ... , (n + 1)! + n + 1 são consecutivos, sendo o primeiro divisível por 2, o segundo por 3, e assim sucessivamente, até o último ser divisível por n + 1. Logo, esses elementos formam um total de n números compostos e consecutivos.

■

Apesar do que apresentamos no último teorema, existe uma regularidade associada à distribuição dos números primos. Designamos por π(x) o número de primos positivos menores ou iguais a x. Por exemplo, π(1) = 0, π(6) = 3 e π(12) = 5. Ainda jovem, Gauss percebeu que o comportamento de π(x) associava-se fortemente ao da função $\frac{x}{\log(x)}$, em que log(x) denota o logaritmo na base de Euler. O teorema a seguir atesta a associação do comportamento assintótico dessas funções.

Teorema 2.32

Sendo π(x) a função de contagem dos primos, como ora descrito, nessas condições, temos:

$$\lim_{x \to \infty} \frac{\pi(x)}{\frac{x}{\log(x)}} = 1$$

Esse resultado foi demonstrado pelos matemáticos franceses Jacques Hadamard e Charles-Jean de La Vallée Poussin, utilizando a função zeta de Riemann. Posteriormente, Atle Selberg e Paul Erdös apresentaram uma demonstração sem apelo à teoria analítica dos números. Apresentamos, a seguir, um quadro com alguns valores que indicam o comportamento afirmado no teorema anterior.

x	π(x)	π(x) / (x/log(x))
10	4	0,912
10^2	25	1,151
10^5	9 592	1,104
10^8	5 761 455	1,061
10^{10}	455 052 511	1,048
10^{15}	29 844 570 422 669	1,031
10^{20}	2 220 819 602 560 918 840	1,023
10^{21}	21 127 269 486 018 731 928	1,022
10^{22}	201 467 486 689 315 906 290	1,021
10^{23}	1 925 320 391 606 818 006 727	1,020

2.6 Critérios de divisibilidade

Pela definição de divisibilidade, dados a, b ∈ $\mathbb{Z}$, com a ≠ 0, temos que a|b caso exista c ∈ $\mathbb{Z}$ satisfazendo b = a · c. Muitas vezes, atestar a existência desse termo *c* e, portanto, a divisibilidade de *a* por *b*, não é uma tarefa fácil. Porém, olhando os números na base 10, é possível estabelecer critérios de divisibilidade para dois inteiros que facilitam esse estudo. Faremos essa análise, sem perda de generalidade, tomando por objeto de estudo os números naturais. Esses conceitos podem ser mais aprofundados utilizando a noção de congruência, que será abordada no próximo capítulo. Assim, demonstraremos alguns resultados acerca dos critérios de divisibilidade utilizando as ferramentas desenvolvidas até então.

Dessa maneira, denotamos a representação do natural N na base 10 por:

$$N = a_n 10^n + a_{n-1} 10^{n-1} + \ldots + a_1 10^1 + a_0$$

Em que: a_i é um inteiro não negativo menor que 10, $1 \leq i \leq n$ e $a_n \neq 0$.

Divisibilidade por 1
Trivialmente, todo natural é divisível por 1.

Divisibilidade por 2
Um natural N é divisível por 2 se, e somente se, em sua representação na base 10, seu último algarismo for divisível por 2. Em outras palavras, N é divisível por 2 se, e somente se, terminar em 0, 2, 4, 6 ou 8.

Demonstração:

Consideramos a representação do natural N como apresentada *a priori*.

Se N é divisível por 2, então $a_0 = N - (a_n 10^n + a_{n-1} 10^{n-1} + \ldots + a_1 10^1)$ é divisível por 2, já que é soma de elementos pares.

Se $2|a_0$ e claramente $2|(a_n 10^n + a_{n-1} 10^{n-1} + \ldots + a_1 10^1)$, então $2|N$.

Exemplo 2.25
O número 1 314 é divisível por 2, pois 2|4. Por outro lado, o número 6 037 não é divisível por 2, pois 2∤7.

Divisibilidade por 3
Um natural N é divisível por 3 se, e somente se, em sua representação na base 10, a soma de seus algarismos for divisível por 3.

Demonstração:

Note que, para $1 \leq k \leq n$, temos $10^k = (1 + 9)^k$. Utilizando o desenvolvimento pelo binômio de Newton, obtemos:

$$(1+9)^k = \sum_{i=0}^{k}\binom{k}{i}1^i \cdot 9^{k-i}$$

$$= \sum_{i=0}^{k}\binom{k}{i}9^{k-i}$$

$$= \sum_{i=0}^{k-1}\binom{k}{i}9^{k-i} + 1$$

$$= 9m_k + 1$$

Em que: $m_k \in \mathbb{Z}$.

Dessa forma:

$$a_k 10^k = a_k(1+9)^k$$
$$= a_k(9m_k + 1)$$
$$= 9m_k a_k + a_k$$

Portanto, a representação de N pode ser reescrita como:

$$N = (9m_n a_n + a_n) + (9m_{n-1}a_{n-1} + a_{n-1}) + \ldots + (9m_1 a_1 + a_1) + a_0$$
$$= 9(9m_n a_n\, m_{n-1}a_{n-1} + \ldots + m_1 a_1) + (a_n + a_{n-1} + \ldots + a_0)$$

Como o termo $9(m_n a_n\, m_{n-1}a_{n-1} + \ldots + m_1 a_1)$ é sempre divisível por 3, então $3|N$ se, e somente se, $3|(a_n + a_{n-1} + \ldots + a_0)$.

Exemplo 2.26

O número 3 276 é divisível por 3, dado que $3 + 2 + 7 + 6 = 18$ e $3|18$.

Divisibilidade por 4

Um natural é divisível por 4 se, e somente se, em sua representação na base 10, o número formado pelos dois últimos algarismos (contados da esquerda para a direita) for um número divisível por 4.

Demonstração:

Note que $4|4$ e $4|8$. Agora, para $N > 8$:

$$N = a_n 10^n + a_{n-1}10^{n-1} + \ldots + a_1 10^1 + a_0$$
$$= 10^2(a_n 10^{n-2} + \ldots + a_2) + a_1 10^1 + a_0$$

Nesse caso, é fácil notar que $4|10^2(a_n 10^{n-2} + \ldots + a_2)$, já que $4|10^2$. Dessa forma, $4|N$ se, e somente se, $4|a_1 10^1 + a_0$, que é a representação na base 10 do número formado pelos dois últimos algarismos da representação de N.

Exemplo 2.27
O número 2016 é divisível por 4, já que 4|16. Por outro lado, 6131 não é divisível por 4, já que 4∤31.

Divisibilidade por 5
Um natural é divisível por 5 se, e somente se, o último algarismo de sua representação for 0 ou 5.

Demonstração:
Temos:

$$N = a_n 10^n + a_{n-1} 10^{n-1} + \ldots + a_1 10^1 + a_0$$
$$= a_n 10^{n-1} \cdot 10 + a_{n-1} 10^{n-2} \cdot 10 + \ldots + a_1 10 + a_0$$

Como $5|10$, então $5|a_n 10^{n-1} \cdot 10 + a_{n-1} 10^{n-2} \cdot 10 + \ldots + a_1 10$. Portanto, $5|N$ se, e somente se, $5|a_0$. Como $0 \leq a_0 < 10$, temos $5|N$ se, e somente se, $a_0 = 0$ ou $a_0 = 5$.

Divisibilidade por 6
Um natural é divisível por 6 se, e somente se, for divisível por 2 e por 3.

Demonstração:
Se $6|N$, então $N = 6k$ para algum $k \in \mathbb{N}$. Portanto, $N = 2 \cdot (3k)$ e $N = 3 \cdot (2k)$, atestando que $2|N$ e $3|N$.

Por outro lado, se N é divisível por 2 e por 3, então esses primos estão presentes na representação de N em fatores primos, portanto N é múltiplo de $2 \cdot 3 = 6$.

Exemplo 2.28
O número 1236 é divisível por 6, pois, pelos critérios já apresentados, 2|1236 e 3|1236.

Divisibilidade por 7
Note que, dado $N \in \mathbb{N}$, podemos reescrever sua representação na base 10 como:

$$N = a_n 10^n + a_{n-1} 10^{n-1} + \ldots + a_1 10^1 + a_0$$
$$= 10(a_n 10^{n-1} + a_{n-1} 10^{n-2} + \ldots + a_1) + a_0$$
$$= 10m + a_0$$

Em que: $m = a_n 10^{n-1} + a_{n-1} 10^{n-2} + \ldots + a_1$

Dessa forma, N é divisível por 7 se, e somente se, $m + 5a_0$ for divisível por 7.

Demonstração:
Supomos que $7|N$, isto é, $7|10m + a_0$. Assim, 7 também é múltiplo de:

$$5(10m + a_0) = 50m + 5a_0 = 49m + m + 5a_0$$

E, de $7|49m$, temos que $7|(m + 5a_0)$.

Por outro lado, supondo que $m + 5a_0$ é divisível por 7, então $10(m + 5a_0)$ é divisível por 7, isto é:

$10(m + 5a_0) = 10m + 50a_0$
$= 10m + a_0 + 49a_0$
$= N + 49a_0$

Como $7|49a_0$, então $7|N$.

Exemplo 2.29

Verifique, utilizando os critérios de divisibilidade, se $7|973$.

Temos que $973 = 10 \cdot 97 + 3 = 10m + 3$, em que $m = 97$. Assim:

$m + 5a_0 = 97 + 5 \cdot 3 = 112$

Portanto, $7|973$ se, e somente se, $7|112$. Como a condição ainda não é conclusiva, podemos aplicar o critério novamente, de maneira que $112 = 10 \cdot 11 + 2$ é divisível por 7 se, e somente se, $11 + 5 \cdot 2$ for divisível por 7, o que de fato ocorre, pois $11 + 5 \cdot 2 = 21 = 3 \cdot 7$.

Divisibilidade por 8

Um natural é divisível por 8 se, e somente se, em sua representação na base 10, os três últimos algarismos formarem um número divisível por 8.

Demonstração:

Dada a representação de N:

$N = a_n 10^n + a_{n-1} 10^{n-1} + \ldots + a_1 10^1 + a_0$

$= 10^3(a_n 10^{n-3} + \ldots + a_3) + a_2 10^2 + a_1 10^1 + a_0$

Como $10^3 = 1\,000$ é divisível por 8, pois $1\,000 = 125 \cdot 8$, então:

$8|10^3 (a_n 10^{n-3} + \ldots + a_3)$

Portanto, $8|N$ se, e somente se, $8|(a_2 10^2 + a_1 10^1 + a_0)$, que vem a ser o número formado pelos três últimos algarismos de N representado na base 10.

Exemplo 2.30

Utilizando os critérios de divisibilidade, é fácil constatar que $8|457\,080$, já que $8|080$.

Divisibilidade por 9

Um natural é divisível por 9 se, e somente se, em sua representação na base 10, a soma de seus algarismos for divisível por 9.

Demonstração:

Assim como foi provado no critério de divisibilidade para 3, dado $N \in \mathbb{N}$, temos:

$$N = 9(m_n a_n + m_{n-1} a_{n-1} + \ldots + m_1 a_1) + (a_n + a_{n-1} + \ldots + a_0)$$

Em que:

$$m_k = \sum_{i=0}^{k-1} \binom{k}{i} 9^{k-i} \text{ para } 1 \leq k \leq n$$

Dessa forma, como $9|9(m_n a_n + m_{n-1} a_{n-1} + \ldots + m_1 a_1)$, então $9|N$ se, e somente se, $9|(a_n + a_{n-1} + \ldots + a_0)$.

Exemplo 2.31

O número 123456789 é divisível por 9, pois:

$$1 + 2 + 3 + 4 + 5 + 6 + 7 + 8 + 9 = 45 = 9 \cdot 5$$

Divisibilidade por 10

Um natural é divisível por 10 se, e somente se, em sua representação na base 10, o último algarismo (das unidades) for zero.

Demonstração:

Dado natural N, é possível reescrever sua representação na base 10 como:

$$N = a_n 10^n + a_{n-1} 10^{n-1} + \ldots + a_1 10^1 + a_0$$
$$= 10(a_n 10^{n-1} + a_{n-1} 10^{n-2} + \ldots + a_1) + a_0$$

Dado que $10|(a_n 10^{n-1} + a_{n-1} 10^{n-2} + \ldots + a_1)$, então $10|N$ se, e somente, $10|a_0$. Como $0 \leq a_0 < 10$, temos que $10|N$ se, e somente, $a_0 = 0$.

Divisibilidade por 11

Um natural é divisível por 11 se, e somente se, em sua representação na base 10, a soma dos algarismos nas posições pares menos a soma dos algarismos nas posições ímpares for divisível por 11.

Demonstração:

Primeiro, note que $10 = 11 - 1$, de maneira que para $1 \leq k \leq n$ temos pelo binômio de Newton:

$$10^k = (11-1)^k$$

$$= \sum_{i=0}^{k} \binom{k}{i} 11^i \cdot (-1)^{k-i}$$

$$= 11 m_k + (-1)^k$$

Sendo $m_k \in \mathbb{Z}$, então, $10^k = 11m_k + 1$ para k par e $11m_k - 1$ para k ímpar. Assim, $a_k 10^k = 11 m_k a_k + a_k$ se k é par, e $a_k 10^k = 11 m_k a_k - a_k$ se k é ímpar. Utilizando essas igualdades, temos:

$$N = (11 m_n a_n + (-1)^n a_n) + \ldots + (11 m_2 a_2 + a_2) + (11 m_1 a_1 - a_1) + a_0$$
$$= 11(m_n a_n + \ldots + m_2 a_2 + m_1 a_1) + (a_0 - a_1 + a_2 - \ldots + (-1)^n)$$

Como $11 | 11(m_n a_n + \ldots + m_2 a_2 + m_1 a_1)$, então $11 | N$ se, e somente se:
$11 | (a_0 - a_1 + a_2 - \ldots + (-1)^n)$

Exemplo 2.32

O número 5 929 é divisível por 11, pois $(5 + 2) - (9 + 9) = 11$ é divisível por 11.

Síntese

Neste capítulo, analisamos as principais propriedades associadas à divisibilidade de números inteiros. Abordamos o máximo divisor comum, o mínimo múltiplo comum e o algoritmo de Euclides. Além disso, exploramos os números primos, um conceito de extrema importância na teoria dos números. Por fim, enunciamos e demonstramos critérios de divisibilidade dos números inteiros.

Atividades de autoavaliação

1) Considere a, b, c ∈ ℤ e, sobre propriedades de divisibilidade, indique se as afirmações a seguir são verdadeiras (V) ou falsas (F).

( ) Se a|b, então (a + c)|(b + c).
( ) Se a|b, então ac|bc.
( ) Se a|b, então –b|–a.
( ) Se a|(b + c), então a|b ou a|c.
( ) Se a|b, então a^2|b.

Agora, assinale a alternativa que corresponde à sequência obtida:
a. V, V, F, F, F.
b. F, V, F, F, F.
c. F, F, V, F, V.
d. F, V, F, V, F.
e. V, V, F, V, F.

2) Indique se as afirmações a seguir são verdadeiras (V) ou falsas (F).

( ) Um número par pode dividir um número ímpar.
( ) Um número ímpar pode dividir um número par.
( ) Dado a ∈ ℤ ímpar, sempre existe b ∈ ℤ par tal que a|b.
( ) Dados a, b ∈ ℤ com *a* par e *b* ímpar, $a^n + b^n$ é sempre ímpar para todos n, m ∈ ℕ*.

Agora, assinale a alternativa que corresponde à sequência obtida:
a. V, V, F, F.
b. F, V, V, F.
c. V, V, V, F.
d. F, V, V, V.
e. F, F, V, V.

3) Utilizando o algoritmo da divisão, indique se as afirmações a seguir são verdadeiras (V) ou falsas (F).

( ) Todo inteiro ímpar é da forma 4k + 1 ou 4k + 3.
( ) O quadrado de um número inteiro é da forma 4k ou 4k + 2.
( ) O quadrado de um número inteiro é da forma 3k ou 3k + 1.
( ) Todo inteiro da forma 3k + 2 também é da forma 6n + 5.
( ) Todo inteiro da forma 6n + 5 também é da forma 3k + 2.

Agora, assinale a alternativa que corresponde à sequência obtida:
a. V, F, V, F, F.
b. F, F, V, F, V.
c. V, F, V, V, V.
d. F, V, F, V, F.
e. V, F, V, F, V.

4) Com relação à representação de números inteiros utilizando bases, indique se as afirmações a seguir são verdadeiras (V) ou falsas (F).
( ) $(1332)_5 = (11011001)_2$.
( ) $(1564)_7 = (1171)_8$.
( ) Dado que $(82)_b$ é o dobro de $(41)_b$, então b = 9.
( ) O algarismo das unidades de 107^{2007} é 3.
( ) O algarismo das unidades de 24^{100} é 4.

Agora, assinale a alternativa que corresponde à sequência obtida:
a. V, F, V, F, F.
b. F, V, V, V, F.
c. V, F, V, V, F.
d. F, V, F, V, F.
e. V, F, V, F, V.

5) Relativamente ao máximo divisor comum, indique se as afirmações a seguir são verdadeiras (V) ou falsas (F).
( ) mdc(126,468) = 18.
( ) Existem r, s $\in \mathbb{Z}$ tais que $2 = 158 \cdot r + 322 \cdot 2$.
( ) mdc(a, mdc(b, c)) = mdc(mdc(a, b), c) para todos a, b, c $\in \mathbb{Z}$.
( ) mdc(a, bc) = |c|mdc(a, b) para todos a, b, c $\in \mathbb{Z}$.
( ) Supondo que mdc(a, b) = 1, então mdc(a + b, a – b) = 1 ou 2.

Agora, assinale a alternativa que corresponde à sequência obtida:
a. V, V, F, F, V.
b. F, V, V, F, V.
c. V, V, F, V, F.
d. F, V, F, V, F.
e. V, F, V, F, V.

6) Indique se as afirmações a seguir são verdadeiras (V) ou falsas (F).

( ) A fórmula $n^2 + n + 41$ fornece apenas números primos, $n \in \mathbb{N}$.

( ) Se o resto da divisão de um inteiro n por 12 é igual a 7, então $mdc(n^2, 12) = 1$.

( ) Se existem $r, s \in \mathbb{Z}$ tais que $ra + sb = 2$, então $mdc(a, b) = 2$.

( ) Existem primos que são quadrados perfeitos.

( ) Existem apenas dois números na forma $a = 2^n \cdot 3^m$ que têm exatamente três divisores.

Agora, assinale a alternativa que corresponde à sequência obtida:
a. V, V, F, F, V.
b. F, V, V, F, V.
c. F, V, F, F, V.
d. F, V, F, V, F.
e. F, F, F, F, V.

7) Sobre os critérios de divisibilidade, indique se as afirmações a seguir são verdadeiras (V) ou falsas (F).

( ) O número 152 489 476 250 é divisível por 6.

( ) O número 678 426 258 132 é divisível por 9.

( ) O único número na forma 34n27 divisível por 9 é 34 227.

( ) O número 2 225 é divisível por 7.

( ) O número 23 408 é o maior número divisível por 11 menor que 23 412.

Agora, assinale a alternativa que corresponde à sequência obtida:
a. V, V, V, F, V.
b. F, V, V, F, V.
c. F, V, F, F, V.
d. F, V, F, V, F.
e. F, F, V, F, V.

Atividades de aprendizagem

Questões para reflexão

1) Considere uma equação de segundo grau, $ax^2 + bx + c = 0$, em que $a, b, c \in \mathbb{Z}$ são números primos. Prove que ela não pode ter duas soluções reais iguais.

Dica: Para que a equação tenha duas soluções iguais, devemos ter: $b^2 - 4ac = 0$.

2) Neste capítulo, abordamos os critérios de divisibilidade com os divisores de 1 até 11. No entanto, é possível estabelecer critérios para outros divisores. Estabeleça um critério de divisibilidade por 25, 125 e, em geral, por 5^t, com $t \in \mathbb{N}$.

3) Os números primos vêm intrigando diversos matemáticos ao longo da história. Com seu estudo constante, surgiram diversas curiosidades acerca deles. Prove as três proposições listadas a seguir:

   a. O único primo positivo par é o 2.
   b. Não há número primo que tenha como algarismo das unidades o 5, exceto o próprio 5.
   c. Existem mais primos entre 1 e 100 do que entre 101 e 200.

4) Os números primos são considerados os átomos da aritmética. Existem diversas propriedades que podem ser facilmente demonstradas por meio de sua teoria, e há problemas que permanecem sem resposta até hoje. São os denominamos *problemas por conjectura*, que se constituem de uma afirmação ainda não demonstrada. Pesquise três conjecturas relacionadas aos números primos, expressando seu enunciado, além do ano e do autor da afirmação.

5) É possível representar números inteiros em outras bases. Além disso, existem operações algébricas, como a soma e a subtração, definidas nesse sistema de representação. Os computadores utilizam a base 2 para representação numérica. É, portanto, de extrema importância em aplicações. Apresentamos, a seguir, as regras de soma e subtração definidas na base 2.

   Soma:

   $0 + 0 = 0$
   $0 + 1 = 1$
   $1 + 0 = 0$
   $1 + 1 = 0$ (e soma-se 1 no próximo algarismo)

   Subtração:

   $0 - 0 = 0$
   $0 - 1 = 1$ (e subtrai-se 1 no algarismo anterior)
   $1 - 0 = 1$
   $1 - 1 = 0$

   Com base nessas regras, faça o que se pede nos itens a seguir.

   a. Calcule $11100_2 + 11010_2$.
   b. Calcule $111100_2 - 011010_2$.
   c. Prove as regras de soma e de subtração apresentadas.

6) No número 31n27, que algarismo substitui n para que tal seja divisível por 9? E por 5?

7) Utilize o algoritmo de Euclides para calcular mdc(306, 657).

8) Se o resto da divisão de um n por 12 é 7, determine o resto da divisão de:
   a. 2n por 12
   b. –n por 12
   c. n por 4
   d. n^2 por 8

9) Prove que, dado $n \in \mathbb{Z}$, então n ou $n+2$ ou $n+4$ é divisível por 3.

10) Prove que, se $a \in \mathbb{Z}$ é ímpar, então $8|(a^2-1)$.

11) Prove que, se a e b são ímpares, então $8|(a^2-b^2)$.

Atividade aplicada: prática

1) Uma fábrica de chapas de aço produz lâminas de mesmo comprimento. Ao final do dia, notou-se que duas chapas restantes tinham 156 centímetros e 234 centímetros, respectivamente. Com essa informação, o gerente de produção indicou que as chapas fossem cortadas em partes iguais, de comprimento máximo e sem perda de material. Como o funcionário poderá resolver essa situação?

Nosso objetivo neste capítulo é a análise das congruências lineares e de suas aplicações. Para isso, veremos formas de encontrar soluções inteiras de equações diofantinas e exploraremos aspectos, resultados e características das congruências. Também abordaremos os teoremas de Euler, Fermat e Wilson, além do teorema do resto chinês, que facilitam obter resultados práticos de congruências em geral e em sistemas de congruências lineares.

3
Congruência

3.1 Equações diofantinas lineares

As equações diofantinas têm coeficientes inteiros e com uma ou mais incógnitas pertencentes ao conjunto dos números inteiros. São exemplos de equações diofantinas:

$$ax + by + cz = d$$

$$ax^2 + by^2 + cz^2 = d$$

$$ax^3 = by^3 = c$$

$$au^4 + bv^4 + cx^3 + dy^2 + ez = f$$

O que difere uma equação diofantina de uma equação no modo geral é o interesse em ter soluções inteiras, isto é, a solução imposta deve pertencer ao conjunto dos números inteiros. Tal nome foi dado em honra ao matemático grego Diofanto, que viveu em meados do século III e foi o primeiro a tentar descobrir soluções inteiras de diversas equações. As de mais simples aplicação são as equações diofantinas lineares, definidas por somas de monômios de grau um ou zero, isto é, na forma $a_1x_1 + a_2x_2 + \ldots + a_nx_n = b$, em que $a_1, a_2 \ldots, a_n, b \in \mathbb{Z}$ e são constantes.

Em nosso estudo, trataremos das equações diofantinas lineares do tipo $ax + by = c$, em que $a, b, c \in \mathbb{Z}$ são constantes, e $x, y, y \in \mathbb{Z}$, as incógnitas da equação. A solução de uma equação diofantina linear com duas somas de monômios é $x_0, y_0 \in \mathbb{Z}$ tal que:

$$ax_0 = by_0 = c$$

Problemas que envolvem esse tipo de equação diofantina aparecem em nosso coditiano naturalmente, como demonstraremos a seguir.

Problema 3.1

Para colocar 13 abóboras em grupos de 3 ou de 5, quantos grupos serão formados de cada tipo?

Problema 3.2

Um laboratório dispõe de 2 máquinas para o processo de examinar amostras de sangue. Uma delas examina 15 amostras a cada processo, a outra examina 25 amostras. Quantas vezes essas máquinas devem ser acionadas para conseguir examinar 1 000 amostras de sangue?

Problema 3.3

Um fazendeiro deseja comprar filhotes de pato e de galinha gastando um total de R$ 1.770,00. Um filhote de pato custa R$ 31,00. Um de galinha, R$ 21,00. Supondo que gastará todo o dinheiro, quantos de cada um dos dois tipos de ave o fazendeiro poderá comprar?

Curiosidade 3.1

Um quadrado perfeito pode ser escrito como soma de dois quadrados perfeitos?

Graças ao resultado dado por Pitágoras, esse problema é equivalente ao de encontrar triângulos retângulos com lados inteiros. Resumindo, o problema consiste em encontrar todas as soluções inteiras da equação diofantina:

$$x^2 + y^2 + = z^2, \text{ com } x, y, z \in \mathbb{Z}$$

O matemático francês Pierre de Fermat (1601-1665) generalizou essa equação para $x^n + y^n = z^n$, com n > 2. Porém, revelou na margem de sua cópia do livro *Aritmética*, de Diofanto, que não havia soluções inteiras não nulas dessas equações, escrevendo o que podemos traduzir por:

> "É impossível resolver um cubo na soma de dois cubos, uma quarta potência como soma de duas quartas potências, ou, em geral, qualquer potência superior à segunda em duas potências do mesmo tipo; e desse fato encontrei uma prova notável. A margem é muito pequena pra contê-la." (Pierre de Fermat, citado por Stewart, 2014)

Esse resultado é conhecido como o *último teorema de Fermat*. Durante muitos anos não passou de uma conjectura. Diversos matemáticos tentaram prová-lo, até que, em 1993, o matemático inglês Andrew Wiles (1953-) tornou-se o autor da proeza. Professor da Universidade de Princeton, nos Estados Unidos, Wiles comunicou sua descoberta ao mundo no famoso seminário anual de matemática de Cambridge. Após um trabalho de sete anos, o último teorema de Fermat estaria finalmente demonstrado.

Agora, vamos refletir um pouco acerca da existência e da unicidade da solução de uma equação diofantina linear.

Exemplo 3.1

A equação $3x = 12y = 15$ é uma equação diofantina linear, e $x = 1$ e $y = 1$ é uma solução, pois $3 \cdot 1 + 12 \cdot 1 = 15$. Porém, $x = 5$ e $y = 0$ é outra solução, assim como $x = -3$ e $y = 2$.

Pelo exemplo anterior, podemos constatar que as soluções de uma equação diofantina não são únicas. O exemplo a seguir demonstrará que há equações diofantinas lineares que não admitem solução.

Exemplo 3.2

A equação $2x + 8y = 15$ é uma equação diofantina linear e não admite solução, pois poderíamos escrever $15 = 2x + 8y = 2(1x + 4y)$. Isso revela que 15 é par, o que é uma contradição.

As perguntas que ainda surgem estão relacionadas à possibilidade de encontrar todas as soluções de uma equação diofantina linear ou se, dada uma equação diofantina linear, existe uma quantidade finita ou infinita de soluções.

No teorema a seguir, examinaremos uma condição necessária e suficiente para a existência de solução em uma equação diofantina linear.

Teorema 3.1

Se $a, b, c \in \mathbb{Z}$, com a, b não nulos simultaneamente, a equação diofantina $ax + by = c$ admite pelo menos uma solução $x, y \in \mathbb{Z}$ se, e somente se, $d = mdc(a, b) | c$.

Demonstração:

Supomos que a equação admite pelo menos uma solução $x, y \in \mathbb{Z}$ e denotamos $d = mdc(a, b)$. Como $d|a$ e $d|b$, temos $d|(ax + by)$ para quaisquer x e $y \in \mathbb{Z}$ soluções possíveis. De $c = ax + by$, temos $d|c$. Assim, $d|c$ é uma condição necessária para a existência de solução da equação diofantina dada, isto é, se $d \nmid c$, a equação não tem soluções inteiras.

Agora, supondo que $d|c$, logo, existe $e \in \mathbb{Z}$ tal que $c = de$. Portanto, pelo teorema de Bézout, existem u e v tais que $au + bv = d$. Multiplicando por e de ambos os lados, obtemos:

$a(ue) + b(ve) = de = c$

Portanto, a equação tem pelo menos uma solução.

∎

Um corolário interessante e de fácil demonstração será evidenciado a seguir.

Corolário 3.1

Se mdc(a, b) = 1, isto é, se *a* e *b* são relativamente primos, então a equação ax + by = c sempre tem soluções inteiras para qualquer que seja *c*.

O próximo teorema explicita as condições que as constantes *a*, *b*, *c* devem satisfazer para que uma equação diofantina linear tenha infinitas soluções e como encontrá-las.

Teorema 3.2

Se a, b, c ∈ $\mathbb{Z}$, com a, b não simultaneamente nulos, e a equação diofantina é ax + by = c, são verdadeiras:

I. Se d = mdc(a, b)|c, a equação tem uma infinidade de soluções inteiras.

II. Se d = mdc(a, b)|c e $x_0, y_0 \in \mathbb{Z}$ é uma solução particular da equação dada, todas as soluções são dadas por:

$$\begin{cases} x = x_0 + t\dfrac{b}{d} \\ y = y_0 - t\dfrac{a}{d} \end{cases}$$

Em que: t ∈ $\mathbb{Z}$.

Demonstração:

(I) Seja x_0, y_0 uma solução inteira da equação diofantina e t ∈ $\mathbb{Z}$ qualquer. Logo,

$$ax + by = a\left(x_0 + t\dfrac{b}{d}\right) + b\left(y_0 - t\dfrac{a}{d}\right) = ax_0 + t\dfrac{ab}{d} + by_0 - t\dfrac{ab}{d} = ax_0 + by_0 = c$$

Assim, provamos que a equação tem infinitas soluções.

(II) Agora, devemos provar que as soluções são dadas da forma que aparecem no enunciado. Supomos um par x, y qualquer de soluções inteiras. Como $ax + by = c = ax_0 + by_0$, temos:

(III) $ax_0 + by_0 = ax + by$. Logo, $a(x_0 - x) = b(y - y_0)$. Pela definição de d = mdc(a, b), existem r, s ∈ $\mathbb{Z}^*$, tais que a = rd e b = sd. Temos, ainda, que $mdc(r, s) = mdc\left(\dfrac{a}{d}, \dfrac{b}{d}\right) = \dfrac{d}{d} = 1$.

Como d ≠ 0:

$a(x - x_0) = b(y_0 - y)$

$rd(x - x_0) = sd(y_0 - y)$

$r(x - x_0) = s(y_0 - y)$

Supomos, sem perda de generalidade, que a ≠ 0. Portanto, $r|s(y_0 - y)$ e, como $mdc(r, s) = 1$, então $r|(y_0 - y)$. Logo, existe $t \in \mathbb{Z}$ tal que $tr = y_0 - y$. Assim:

$$y = y_0 - tr = y_0 - t\frac{a}{d}$$

Temos, ainda, que $r(x - x_0) = s(y_0 - y) = s(y_0 - y_0 + tr) = srt$, então $x - x_0 = st$.
Logo:

$$x = x_0 + st = x_0 + \frac{b}{d}t$$

Portanto, como pretendíamos, as soluções têm a forma:

$$\begin{cases} x = x_0 + t\dfrac{b}{d} \\ y = y_0 - t\dfrac{a}{d} \end{cases}$$

∎

Vejamos um exemplo de como usar esses resultados para encontrar as soluções de uma equação diofantina.

Exercício resolvido 3.1

Dada a equação diofantina $6x + 8y = 18$, encontre todas as soluções inteiras.

Resolução

Temos que $x = -1$ e $y = 3$ é uma solução particular. Como $mdc(6,8) = 2$ e ainda $2|6$ e $2|8$, todas as soluções são dadas por $\begin{cases} x = -1 + t\dfrac{8}{2} \\ y = 3 - t\dfrac{6}{2} \end{cases}$, com $t \in \mathbb{Z}$.

Vejamos mais um resultado que auxiliará na busca de soluções de uma equação diofantina.

Teorema 3.3

Se $a, b, c \in \mathbb{Z}$ e $d = mdc(a, b)|c$, então existem r e s tais que $x_0 = r \cdot \dfrac{c}{d}$ e $y_0 = s \cdot \dfrac{c}{d}$ é uma solução da equação diofantina $ax + by = c$.

Demonstração:

Pelo teorema de Bézout, podemos escrever $d = ra + sb$, com $r, s \in \mathbb{Z}$. Como $d|c$, multiplicando ambos os membros da igualdade por $\dfrac{c}{d}$, temos:

$$d \cdot \frac{c}{d} = (ra + sb) \cdot \frac{c}{d} = ra \cdot \frac{c}{d} + sb \cdot \frac{c}{d} = \left(r \cdot \frac{c}{d}\right)a + \left(s \cdot \frac{c}{d}\right)b$$

Portanto, $x_0 = r \cdot \frac{c}{d}$ e $y_0 = s \cdot \frac{c}{d}$ é solução particular da equação diofantina $c = ax + by$.

Exercício resolvido 3.2
A bilheteria de um cinema cobra R$ 54,00 por adulto e R$ 21,00 por criança. Certa noite, arrecadou R$ 906,00. Quantos adultos e quantas crianças assistiram ao filme, sabendo-se que eram mais adultos que crianças?

Resolução

O objetivo é determinar a solução geral da equação diofantina $54x + 21y = 906$. No entanto, não conhecemos uma solução particular. Temos que mdc(54, 21) = 3. E 3|906, pois a soma de seus algarismos é 15, que é múltiplo de 3. Logo, a equação tem solução e pode ser simplificada e escrita como $18x + 7y = 302$. Além disso, sabemos que mdc(18, 7) = 1.

Procuramos, agora, uma solução particular para a equação $18x + 7y = 1$. Para isso, utilizaremos o algoritmo de Euclides:

$$18 = 2 \cdot 7 + 4 \quad 7 = 1 \cdot 4 + 3 \quad 4 = 1 \cdot 3 + 1$$

Logo:

$$1 = 4 - 1 \cdot 3 = 4 - 1 \cdot (7 - 1 \cdot 4) = 2 \cdot 4 - 1 \cdot 7 = 2(18 - 2 \cdot 7) - 1 \cdot 7 = 2 \cdot 18 - 5 \cdot 7$$

Portanto, uma solução particular é $x = 2$, $y = -5$. Multiplicando por 302, temos o par $x = 604$, $y = -1\,510$ como solução da equação diofantina $18x + 7y = 302$. Obtemos, então, como solução geral:

$$x = 604 + 7t;\ y = -1\,510 - 18t;\ t \in \mathbb{Z}$$

Porém, desejamos tomar somente as soluções inteiras não negativas de nosso problema. Consideramos, então, $x \geq 0$ e $y \geq 0$, isto é, $7t \geq -604$ e $18t \leq -1\,510$. Logo, $-86\,285 \leq t \leq -83\,889$. Portanto, $t = -85$ ou $t = -84$.

Assim, obtemos duas soluções não negativas:

$$\begin{cases} x = 9 \\ y = 20 \end{cases} \text{ e } \begin{cases} x = 16 \\ y = 2 \end{cases}$$

3.2 Conceitos introdutórios de congruência
Vamos definir algumas propriedades básicas sobre congruência, as quais embasarão a resolução de congruências lineares e as demonstrações das próximas seções.

Definição 3.1

Se n ∈ ℤ* tal que n > 1, os números a, b, ∈ ℤ são congruentes módulo n se n|(a – b).

Notação 3.1

Se a é congruente a b módulo n, escrevemos:

a ≡ b (mod n)

Para indicar que os números a e b não são congruentes módulo n, denotamos a ≢ b (mod n) e dizemos que a e b não são congruentes módulo n, ou ainda que a não é congruente a b módulo n.

A definição tem sentido quando n = 1, mas, nesse caso, todos os números inteiros são congruentes entre si, não havendo proveito na teoria. Outra observação importante é que, como n|(a – b) implica |n||(a – b), consideraremos somente os casos em que n > 0.

São exemplos de congruência: 9 ≡ 5 (mod 2); 23 ≡ 11 (mod 6); 32 ≡ 8 (mod 8); 29 ≡ 3 (mod 13); 72 216 ≡ 34 216 (mod 1 000); –9 ≡ 31 (mod 10); 123 ≡ –135 (mod 6).

É possível analisar também a presença de congruência em nossa vida cotidiana. Por exemplo, os relógios de ponteiros medem as horas módulo 12, e os dias da semana no calendário medem os dias módulo 7.

É fácil verificar se dois números são congruentes módulo 2, pois, se ambos são pares ou se ambos são ímpares, há congruência módulo 2. Caso contrário, não há. Fica como exercício para o leitor provar essa afirmação.

Note que, segundo a definição que temos, a ≡ b (mod n) se, e somente se, existir um q ∈ ℤ tal que a = b + nq. Há, ainda, outra formulação para congruência, como evidenciaremos a seguir.

Teorema 3.4

Se n ∈ ℤ* tal que n > 1, os números a, b ∈ ℤ são congruentes módulo n se, e somente se, a e b tiver o mesmo resto na divisão por n.

Demonstração:

Temos a e b escritos como:

a = pn + r

b = qn + s

Então, a ≡ b (mod n), isto é, n|(a – b) e a – b = pn + r – (qn + s) = n(p – q) + (r + s)

Portanto, n|(r – s). Como 0 ≤ |r – s| < n, temos (r – s) = 0 implicando r = s.

Se r = s, temos:

a – b = n(p – q) + (r – s) = n(p – q)

Logo, n|(a− b), o que é equivalente a dizer a ≡ b (mod n). Então, a ≡ b (mod n) se, e somente se, r = s.

∎

Com base nos próximos resultados, apresentaremos algumas propriedades da congruência, destacando as semelhanças entre a relação de congruência e a relação de igualdade.

Teorema 3.5

A relação de congruência é de equivalência, isto é, para n > 1 um inteiro fixado, e a, b, c ∈ $\mathbb{Z}$, temos:

I. Reflexividade: a ≡ a (mod n).
II. Simetria: se a ≡ b (mod n), então b ≡ a (mod n).
III. Transitividade: se a ≡ b (mod n) e b ≡ c (mod n), então a ≡ c (mod n).

Demonstração:

(I) Claramente, n divide a − a = 0.

(II) Se n divide (a − b), então divide −(a − b) = b − a. Logo, b ≡ a (mod n).

(III) Por hipótese, n|(a − b) e n|(b − c). Assim, n divide a soma, isto é, n|((a − b) + (b − c)), portanto n|(a − c), o que equivale a dizer que a ≡ c (mod n).

∎

Mais algumas propriedades importantes sobre a relação de congruência serão apresentadas a seguir.

Teorema 3.6

Sendo n > 1 um inteiro fixado, e a, b, c, d ∈ $\mathbb{Z}$, temos:

I. Se a ≡ b (mod n) e c ≡ d (mod n), então a + c ≡ b + d (mod n).
II. Se a ≡ b (mod n) e c ≡ d (mod n), então:
III. a · c ≡ b · d (mod n)

Demonstração:

(I) Como a ≡ b (mod n) e c ≡ d (mod n), existem $q_1, q_2 \in \mathbb{Z}$ tais que:

$nq_1 = a - b$ e $nq_2 = c - d$.

Observemos que:

$(a + c) - (b - d) = (a - b) + (c - d)$
$= nq_1 + nq_2$
$= q_1 + q_2$

Portanto, $a + c \equiv b + d \pmod{n}$.

(II) Como $a \equiv b \pmod{n}$ e $c \equiv d \pmod{n}$, existem $q_1 + q_2 \in \mathbb{Z}$ tais que $nq_1 = a - b$ e $nq_2 = c - d$. Então:

$$ac - bd = ac - cb + cb - bd = c(a - b) + b(c - d)$$
$$= c(nq_1) + b(nq_2)$$
$$= n(cq_1 + bq_2)$$

Portanto, $a \cdot c \equiv b + d \pmod{n}$.

∎

Uma consequência imediata desse resultado é mostrada por meio do corolário a seguir.

Corolário 3.2

Para $n > 1$ natural e a, b, c inteiros, temos:

I. $a \equiv b \pmod{n}$ se, e somente se, $a + c \equiv b + c \pmod{n}$.
II. Se $a \equiv b \pmod{n}$, então $a^m \equiv b^m \pmod{n}$ para todo $m \in \mathbb{N}^*$.

Demonstração:

(I) Da hipótese, temos $a \equiv b \pmod{n}$ e sabemos que $c \equiv c \pmod{n}$. Logo, do item (I) do teorema anterior temos o desejado.

Agora, supondo que $a + c \equiv b + c \pmod{n}$, temos diretamente que:

$$n | (a + c) - (b + c) = a - b$$

Logo, $a \equiv b \pmod{n}$.

(II) Essa demonstração fica como exercício para o leitor, basta considerar $a = c$ e $b = d$ no item (II) do teorema anterior e fazer uso de indução em n.

∎

O item (I) do corolário é análogo à cancelativa da soma. Podemos nos perguntar, nesse momento, sendo conduzidos pela semelhança da relação de congruência com a de igualdade, se a cancelativa do produto é válida, isto é, se $ac \equiv bc \pmod{n}$, então $a \equiv b \pmod{n}$ no caso de $c \not\equiv 0 \pmod{n}$. No entanto, isso é falso, e um contraexemplo será dado a seguir. Como $2 \not\equiv 0 \pmod{4}$, temos que, por exemplo, $1 \cdot 2 \equiv 7 \cdot 2 \pmod{4}$, porém $1 \not\equiv 7 \pmod{4}$. Entretanto, há condições para que essa implicação torne-se verdadeira, o que pode ser verificado por meio do próximo resultado.

Teorema 3.7

Senso n > 1 natural e a, b, c ∈ ℤ e, também, mdc(c, n) = 1 e ac ≡ bc (mod n), então a ≡ b (mod n).

Demonstração:

Se ab ≡ bc (mod n), então n|(ac − bc), que é equivalente a n|c · (a − b). Como mdc(c, n) = 1, temos pelo teorema 2.12 (Capítulo 2) que n|(a − b). Portanto, a ≡ b (mod n). ∎

Exercício resolvido 3.3

Sem realizar a conta de divisão, responda qual é o resto da divisão de 4^{100} por 5.

Resolução

Temos que 4 ≡ −1 (mod 5). Aplicando uma das propriedades estudadas, $4^{100} \equiv (-1)^{100}$ (mod 5), isto é, $4^{100} \equiv 1$ (mod 5). Logo, o resto da divisão de 4^{100} por 5 é igual ao resto da divisão de 1 por 5. E, como 1 = 5 · 0 + 1, o resto da divisão de 4^{100} por 5 é 1.

Vamos definir e ver algumas propriedades de conjuntos importantes na teoria de congruência.

Definição 3.2

O conjunto {0, 1, 2, ... , n − 1} é denominado *conjunto dos menores restos não negativos*.

Todos os elementos do conjunto dos menores restos não negativos são incongruentes entre si módulo *n* e todo número inteiro é congruente módulo *n* a somente um dos elementos desse conjunto, conforme é possível observar a seguir.

Corolário 3.3

Todo número a ∈ ℤ é congruente módulo *n* a um, e somente um, dos números do conjunto dos menores restos não negativos {0, 1, 2, 3, ... , n − 1}, e todos os elementos desse conjunto são incongruentes entre si módulo *n*.

Demonstração:

Pelo teorema 2.5, existem únicos *q* e *r* tais que a = qn + r, em que 0 ≤ r ≤ n. Portanto, a ≡ r (mod n) e 0 ≤ r ≤ n − 1. Agora, supomos que existem r_1, r_2, em que $r_1 \neq r_2$, a ≡ r_1 (mod n), a ≡ r_2 (mod n) e 0 ≤ r_1 < r_2 ≤ n − 1. Pela relação de transitividade do teorema 3.5, $r_1 \equiv r_2$ (mod n). Portanto, pelo teorema 3.4, r_1 e r_2 têm o mesmo resto na divisão por *n*, implicando $r_1 = r_2$, o que é uma contradição. Logo, é único o elemento do conjunto que cumpre a ≡ r (mod n). Além disso, todos os elementos do conjunto dos menores restos não negativos são incongruentes entre si. ∎

Definição 3.3

Um conjunto de n > 0 números $\{r_1, r_2, r_3, \ldots, r_n\}$ é um sistema completo de resíduos (restos) módulo n se qualquer número inteiro for congruente a exatamente um dos números $r_1, r_2, r_3, \ldots, r_n$ módulo n.

Exemplo 3.3

O conjunto $\{0, 1, 2, 3, 4, 5, 6\}$ é o conjunto dos menores restos não negativos módulo 7. E o conjunto $\{-2, 15, 28, -8, 9, 11, 38\}$ é um sistema completo de resíduos módulo 7, pois $-2 \equiv 5 \pmod 7$; $15 \equiv 1 \pmod 7$; $28 \equiv 0 \pmod 7$; $-8 \equiv 6 \pmod 7$; $9 \equiv 2 \pmod 7$; $11 \equiv 4 \pmod 7$ e $38 \equiv 3 \pmod 7$.

O próximo resultado enunciado é bem intuitivo e sua demonstração fica como exercício para o leitor.

Teorema 3.8

Sendo $n \in \mathbb{N}$, o conjunto $\{nq_0, nq_1 + 1, nq_2 + 2, \ldots, nq_{n-1} + (n-1)\}$ é um sistema completo de resíduos módulo n para quaisquer que sejam $q_0, q_1, q_2, \ldots, q_{n-1} \in \mathbb{Z}$. E todo sistema completo de resíduos é obtido dessa forma. ∎

Teorema 3.9

Se $\text{mdc}(a, n) = d$ e $ab \equiv ac \pmod n$, então $b \equiv c \left(\text{mod}\dfrac{n}{d}\right)$.

Demonstração:

Como $ab \equiv ac \pmod n$, existe $q \in \mathbb{Z}$ tal que $ab = ac + qn$. Sendo $a_1 = \dfrac{a}{d}$ e $n_1 = \dfrac{n}{d}$, estes são inteiros e $\text{mdc}(a_1, n_1) = 1$, então:

$$ab = ac + qn$$

$$\frac{ab}{d} = \frac{ac}{d} + \frac{qn}{d}$$

$$a_1 b = a_1 c + q n_1$$

$$a_1(b - c) = q n_1$$

Logo, $a_1 | q n_1$. Como $\text{mdc}(a_1, n_1) = 1$, ent~~ao $a_1 | q$. Portanto, existe $q_1 \in \mathbb{Z}$ tal que $q = a_1 q_1$. Assim, de $a_1(b - c) = q n_1$, temos $(b - c) = q_1 n_1$, ou seja, $n_1 | (b - c)$, o que é equivalente a $b \equiv c \left(\text{mod}\dfrac{n}{d}\right)$. ∎

Uma consequência imediata é o fato de que, se mdc (a, n) = 1 e ab ≡ ac (mod n), então b ≡ c (mod n).

Exercício resolvido 3.4

Arthur, Bruna e Carlos preparam sacos de maçãs para vender na feira, colocando 12 em cada recipiente. Arthur tinha 389 maçãs, Bruna 188 e Carlos 97. Depois de arrumar todas as maçãs nos sacos, quantas sobraram ao todo?

Resolução

Precisamos considerar a quantidade de maçãs módulo 12 para cada um deles. Como 389 ≡ 5 (mod 12); 188 ≡ 8 (mod 12) e 97 ≡ 1 (mod 12), quando Arthur terminou de arrumar as maçãs nos sacos sobraram 5, quando Bruna terminou sobraram 8 e, das maçãs de Carlos, sobrou 1. Portanto, ao final, sobraram 5 + 8 + 1 = 14 maçãs. Mas 14 ≡ 2 (mod 12), o que significa que eles, em conjunto, poderiam completar mais um saco com 12 maçãs e sobrariam apenas 2 maçãs ao todo.

Exercício resolvido 3.5

Sendo a, b, c ∈ ℕ* números cujo resto da divisão por 18 é 3, 7 e 17, respectivamente, encontre o resto da divisão de (a + b + c) por 18.

Resolução

Temos a ≡ 3 (mod 18), b ≡ 7 (mod 18) e c ≡ 17 (mod 18). Portanto, pelo teorema 3.6, (a + b + c) ≡ 3 + 7 + 17 (mod 18). Logo, (a + b + c) ≡ 27 (mod 18). Como 27 ≡ 9 (mod 18), temos (a + b + c) ≡ 9 (mod 18). Portanto, o resto da divisão de (a + b + c) por 18 é 9.

Exercício resolvido 3.6

Demonstre que $7 | 3 \cdot 2^{101} + 9$.

Resolução

Vamos utilizar as ferramentas que aprendemos sobre congruências até aqui. Temos:

$$2^3 = 8 = 1 + 7 \equiv 1 \pmod 7$$

Disso obtemos:

$$2^{99} = (2^3)^{33} = 8^{33} = 1^{33} \pmod 7 = 1 \pmod 7$$

Como $2^{99} \equiv 1 \pmod 7$:

$$2^{101} = 2^{99+2} = 2^{99} \cdot 2^2 = 2^{99} \cdot 4 \equiv 1 \cdot 4 \pmod 7 = 4 \pmod 7$$

Logo:

$$3 \cdot 2^{101} + 9 \equiv 3 \cdot 4 + 9 \pmod 7 = 21 \pmod 7$$

E, também:

$21 \equiv 0 \pmod{7}$

Portanto, $3 \cdot 2^{101} + 9 \equiv 0 \pmod{7}$, o que revela que $7 \cdot 2^{101} + 9$.

O próximo resultado é interessante por ser muito aplicável. Para entendê-lo, é preciso saber o que é um polinômio, por isso o definiremos aqui. Um polinômio é uma expressão da forma:

$$p(x) = a_n x^n + a_{n-1} x^{n-1} + \ldots + a_1 x^1 + a$$

Em que: a_i são os coeficientes de p, e x é a variável, sendo $0 \leq i \leq n$.

Teorema 3.10

Sendo $f(x)$ um polinômio com coeficientes inteiros e $a \equiv b \pmod{n}$, então $f(a) \equiv f(b) \pmod{n}$.

Demonstração:

Seja $f(x) = a_k x^k + a_{k-1} x^{k-1} + \ldots + a_1 x^1 + a_0$, em que $a_i \in \mathbb{Z}$ para cada $0 \leq i \leq k$. Como $a \equiv b \pmod{n}$, temos pelo item (II) do teorema 3.7 que:

$a^k \equiv b^k \pmod{n}$
$a^{k-1} \equiv b^{k-1} \pmod{n}$
$\vdots$
$a^2 \equiv b^2 \pmod{n}$

Como $1 \equiv 1 \pmod{n}$, $a^0 \equiv b^0 \pmod{n}$. Aplicando o item (II) do teorema 3.6, temos (lembre-se de que $x \equiv x \pmod{n}$ para todo $x \in \mathbb{Z}$):

$a_k a^k \equiv a_k b^k \pmod{n}$
$a_{k-1} a^{k-1} \equiv a_{k-1} b^{k-1} \pmod{n}$
$\vdots$
$a_2 b^2 \equiv a_2 b^2 \pmod{n}$
$a_1 a \equiv a_2 b^2 \pmod{n}$
$a_1 a \equiv a_1 b \pmod{n}$
$a_0 a^0 \equiv a_0 b^0 \pmod{n}$

Pelo item (I) do teorema 3.6:

$a_k a^k + a_{k-1} a^{k-1} + \ldots + a_1 a + a_0 \equiv a_k b^k + a_{k-1} b^{k-1} + \ldots + a_1 b + a_0 \pmod{n}$

Logo, $f(a) \equiv f(b) \pmod{n}$, como objetivamos demonstrar. ∎

A congruência $2x \equiv 1 \pmod{4}$ não é verdadeira ou, em outras palavras, não tem solução em x, pois os múltiplos de 4 são pares, e $2x - 1$ é sempre um número ímpar. Já a congruência

$2x \equiv 1 \pmod 5$ tem solução 3, por exemplo. Vejamos a seguir quando uma equação tem ou não solução.

Definição 3.4
Um inverso aritmético de a (mod n) é um número inteiro a* tal que:

$$aa^* \equiv a^*a \equiv 1 \pmod n$$

Teorema 3.11
Um número $a \in \mathbb{Z}$ não nulo tem inverso aritmético (mod n) se, e somente se, mdc(a, n) = 1.

Demonstração:
Como já mencionamos após a demonstração do teorema de Bézout (teorema 2.8), mdc(a, n) = 1 se, e somente se, existem x, $y \in \mathbb{Z}$ tais que ax + ny = 1. Então, se a tem inverso aritmético módulo n, aa* ≡ 1 (mod n). Logo, existe $d \in \mathbb{Z}$ tal que aa* = dn + 1. Portanto, aa* + n(–d) = 1, indicando que a e n são primos entre si. Agora, supondo que mdc(a, n) = 1, então existem $y \in \mathbb{Z}$ que cumprem ax + ny = 1, implicando ax ≡ 1 (mod n). Consequentemente, x é um inverso aritmético de a. ∎

Um corolário do próximo teorema revela que, se dois números distintos são inversos aritméticos de um mesmo número segundo o mesmo módulo, estes são congruentes entre si para esse módulo.

Teorema 3.12
Se $a \in \mathbb{N}$, a não nulo e mdc(a, n) = d, então é válida a relação ax ≡ ay(mod n) se, e somente se, $x \equiv y \left(\mod \dfrac{n}{d}\right)$.

Demonstração:
Supondo, inicialmente, que ax ≡ ay (mod n), existe $q \in \mathbb{Z}$ tal que a(x – y) = qn. Portanto:

$$\dfrac{a}{d}(x - y) = q\dfrac{n}{d}$$

Pelo corolário 2.3 (Capítulo 2), $\mathrm{mdc}\left(\dfrac{a}{d}, \dfrac{n}{d}\right) = 1$. Pelo teorema 2.12, como $\dfrac{a}{d} \mid q\dfrac{n}{d}$ e $\mathrm{mdc}\left(\dfrac{a}{d}, \dfrac{n}{d}\right) = 1$ temos $\dfrac{a}{d} \mid q$. Assim:

$$(x - y) = \dfrac{q}{\dfrac{a}{d}} \cdot \dfrac{n}{d}$$

Então $x \equiv y \left(\mod \dfrac{n}{d} \right)$.

Agora, supomos que $x \equiv y \left(\mod \dfrac{n}{d} \right)$. Então, existe $q \in \mathbb{Z}$ tal que $x - y = q\dfrac{n}{d}$. Logo:

$$a(x - y) = aq\dfrac{n}{d}$$

Como $a|d$:

$$ax - ay = \left(q\dfrac{a}{d} \right) n$$

Portanto, $ax \equiv ay \pmod{n}$, como objetivamos demonstrar. ∎

O resultado ora demonstrado auxiliará o desenvolvimento das seções seguintes. Agora, vamos provar o que havíamos proposto.

Corolário 3.4

Se $a \in \mathbb{Z}$ tem inverso aritmético $\pmod{n}$, é válida a relação $ax \equiv ay \pmod{n}$ se, e somente se, $x \equiv y \pmod{n}$.

Demonstração:

Supondo que $ax \equiv ay \pmod{n}$, existe $q \in \mathbb{Z}$ tal que $a(x - y) = qn$. Como a tem inverso aritmético $\pmod{n}$ pelo teorema 3.11, $\mathrm{mdc}(a, n) = 1$. Pelo teorema 2.12, como $a|qn$ e $\mathrm{mdc}(a, n) = 1$, temos $a|q$. Logo, $x - y = \dfrac{q}{a} n$, isto é, $x \equiv y \pmod{n}$.

Reciprocamente, como $x \equiv y \pmod{n}$, existe $q \in \mathbb{Z}$ tal que $x - y = qn$. Portanto, $a(x - y) = (aq)n$, implicando diretamente $ax \equiv ay \pmod{n}$. ∎

Outro resultado imediato do teorema 3.11 é o que delinearemos a seguir.

Corolário 3.5

Se p é um número primo e $a \not\equiv 0 \pmod{p}$, então a tem inverso aritmético módulo p.

Demonstração:

Como $a \not\equiv 0 \pmod{p}$, então $p \nmid a$, implicando $\mathrm{mdc}(a, p) = 1$. Aplicando o teorema 3.11, a tem inverso aritmético módulo p. ∎

Agora que examinamos o suficiente sobre a teoria de congruência, vamos avançar para a resolução de congruências lineares e a apresentação de grandes teoremas da teoria dos números.

3.3 Congruências lineares

Nesta seção, analisaremos as formas de resolução de equações que envolvem a relação de congruência.

Definição 3.5

Chamamos de *congruência linear* em uma variável a uma congruência da forma: $ax \equiv b \pmod{n}$. Em que: $a, b, n \in \mathbb{Z}$, com $n > 0$.

Observe que, se $a = 0$, essa congruência tem solução x se, e somente se, $n|b$. No caso de $n|b$, qualquer $x \in \mathbb{Z}$ é solução da congruência. Por isso, consideraremos somente os casos em que $a \neq 0$.

Vamos aos primeiros resultados da teoria de congruências lineares.

Teorema 3.13

Se a tem inverso aritmético a^* módulo n, é válido que $ax \equiv b \pmod{n}$ se, e somente se, $x \equiv a^*b \pmod{n}$.

Demonstração:

Considerando que $ax \equiv b \pmod{n}$, como $aa^* \equiv 1 \pmod{n}$, temos $a^*ax \equiv a^*ax \equiv a^*b \pmod{n}$ e $a^*ax \equiv x \pmod{n}$. Portanto, $a^*b \equiv x \pmod{n}$.

Reciprocamente, supondo que $x \equiv a^*b \pmod{n}$, como a tem inverso aritmético $a^*a \equiv aa^* \equiv 1 \pmod{n}$, obtemos o que objetivamos demonstrar:

$ax \equiv aa^*b \pmod{n}$

$ax \equiv b \pmod{n}$

∎

Note que, se x for solução da congruência linear $ax \equiv b \pmod{n}$, deve existir y tal que $ax - b = ny$. Isso é equivalente a dizer que existe um y cumprindo $ax - b = -ny$, ou seja, $ax + ny = b$. Portanto, se x é solução, existe $y \in \mathbb{Z}$ tal que o par (x, y) é solução da equação diofantina $ax + ny = b$. E, diante do que já analisamos, podemos provar o teorema a seguir.

Teorema 3.14

A congruência linear $ax \equiv b \pmod{n}$ tem solução se, e somente se, $d = \mathrm{mdc}(a, n)|b$.

Demonstração:

Se $ax \equiv b \pmod{n}$ tem solução, então $n|(ax - b)$. Como $d = \mathrm{mdc}(a, n)$, $d|n$ e $d|a$, temos que $d|(ax - b)$ e $d|ax$. Logo, do item (VIII) do teorema 2.1, resulta que $d|b$.

Suponhamos que d = mdc(a, n)|b. Logo, existe k ∈ ℤ tal que b = k · d. Por outro lado, como d = mdc(a, n), pelo teorema de Bézout (teorema 2.8) existem x_0, y_0 ∈ ℤ tais que $ax_0 + ny_0 = d$. Portanto, multiplicando ambos os lados por k, obtemos:

$a(x_0 k) + n(y_0 k) = d \cdot k$

Aplicando $x_0 k = x$ e $y_0 k = y$, temos ax + by = b. Logo, ax ≡ b (mod n). ∎

Agora, já temos a condição necessária e suficiente para que a congruência linear admita solução. Sabemos que, se (x_0, y_0) é uma solução particular da equação diofantina ax + ny = b, sua solução geral, para t ∈ ℤ, é:

$$\begin{cases} x = x_0 + t\dfrac{n}{d} \\ y = y_0 - t\dfrac{a}{d} \end{cases}$$

Dessa forma, podemos avançar um pouco mais sobre as soluções de uma congruência linear, como relata o próximo teorema.

Teorema 3.15

Sendo a, b n ∈ ℤ, em que d = mdc(a, n) e *b* um múltiplo de *d*, a congruência linear ax ≡ b(mod n) tem *d* soluções não congruentes, duas a duas, módulo *n*. E, ainda, qualquer outra solução é congruente a uma delas módulo *n*.

Demonstração:

Pelo teorema de Bézout, existem r, s ∈ ℤ tais que ra + sn = d. Por hipótese, existe k ∈ ℤ tal que b = k · d. Pelo teorema 3.3, que uma solução particular da equação diofantina ax + ny = b é:

$x_0 = r \cdot k$; $y_0 = s \cdot k$

Assim, todas as soluções da congruência linear ax ≡ b (mod n) são, para t ∈ ℤ, da forma:

$x = r \cdot k + \dfrac{n}{d} t$

Se *t* variar como 0 ≤ t ≤ d − 1, obtemos as *d* soluções a seguir:

$x_0 = r \cdot k$; $x_1 = r \cdot k + \dfrac{n}{d}$; $x_2 = r \cdot k + \dfrac{2n}{d}$, ..., $x_{d-1} = r \cdot k + \dfrac{(d-1)n}{d}$

Agora, provaremos que essas soluções não são congruentes entre si (mod n). Supondo que $x_h = r \cdot k + \frac{n}{d}h$ é congruente a $x_l = r \cdot k + \frac{n}{d}l$ módulo n, sendo $0 \leq l \leq h \leq d - 1$, então:

$$r \cdot k + \frac{n}{d}l \equiv r \cdot k + \frac{n}{d}h \pmod{n}$$

$$\frac{n}{d}l \equiv \frac{n}{d}h \pmod{n}$$

Logo, $n|(h-1)\frac{n}{d}$. Como $0 \leq h - 1 < d$, implica que $0 \leq (h-1)\frac{n}{d} < d\frac{n}{d} = n$, mas $n|(h-1)\frac{n}{d}$, portanto $h - 1 = 0$, isto é $h = 1$, o que faz as soluções não serem congruentes entre si módulo n.

Evidenciaremos, agora, que toda outra solução, além das d soluções apresentadas, é congruente a uma dessas módulo n. De fato, se existe $t \in \mathbb{Z}$ que não está compreendido no intervalo $0 \leq t \leq d - 1$ que faz $x = r \cdot k + \frac{n}{d}t$ ser solução da congruência linear, podemos escrever:

$$t = q \cdot d + r', \quad 0 \leq r' \leq d - 1$$

Portanto, $x \equiv r \cdot k + \frac{n}{d} \cdot r' \pmod{n}$. Como $0 \leq r' \leq d - 1$, a solução $x \equiv r \cdot k + \frac{n}{d} \cdot r' \pmod{n}$ é congruente a uma solução já apresentada. ∎

Um resultado imediato desse teorema é observado quando temos a congruência linear $ax \equiv b \pmod{n}$, em que a e n são tais que $mdc(a, n) = 1$, obtendo uma única solução, como é possível observar no corolário a seguir.

Corolário 3.6

Se $a, n \in \mathbb{Z}$ são relativamente primos, a congruência linear $ax \equiv b \pmod{n}$ sempre tem solução. Essa solução é única e da forma $x = rb$, isto é, qualquer outra solução é congruente a rb módulo n.

Demonstração:

Como a, n são relativamente primos, $d = mdc(a, n) = 1$. Escrevendo $ar + ns = 1$, pelo teorema 3.15 a congruência linear $ax \equiv b \pmod{n}$ admite solução e exatamente uma solução. Pelo teorema 3.3, que, se $1 = mdc(a, n)|b$, então existem r e s tais que $x = rb$ e $y = sb$ é uma solução particular da equação diofantina $ax + ny = b$. Portanto, qualquer outra solução é congruente $ax = rb$. ∎

O seguinte resultado fornece uma condição equivalente à congruência linear $ax \equiv b \pmod{n}$.

Teorema 3.16

Se $a \not\equiv 0 \pmod{n}$, $d = \mathrm{mdc}(a, n) | b$ e a_d^* é um inverso aritmético de $\dfrac{a}{d}$ módulo n, então $ax \equiv b \pmod{n}$ se, e somente se, $x \equiv a_d^* \cdot \left(\dfrac{b}{d}\right) \left(\mathrm{mod}\, \dfrac{n}{d}\right)$.

Demonstração:

Supondo que $ax \equiv b \pmod{n}$, temos, pelo item (II) do teorema 3.6, que:

$$ax \equiv b \pmod{n} d\, \dfrac{a}{d} x \equiv d\, \dfrac{b}{d} \pmod{n}$$

Como $\mathrm{mdc}(a, n) = d$, temos que $d|n$. Portanto, $\mathrm{mdc}(d, n) = d$. Como $a \neq 0$, podemos aplicar o teorema 3.12, obtendo:

$$\dfrac{a}{d} x \equiv \dfrac{b}{d} \left(\mathrm{mod}\, \dfrac{n}{d}\right)$$

Como a_d^* é um inverso aritmético de $\dfrac{a}{d} \pmod{n}$, então $a_d^* \cdot \dfrac{a}{d} \equiv 1 \pmod{n}$.
Logo:

$$a_d^* \cdot \dfrac{a}{d} x \equiv a_d^* \cdot \left(\dfrac{b}{d}\right) \left(\mathrm{mod}\, \dfrac{n}{d}\right) x \equiv a_d^* \cdot \left(\dfrac{b}{d}\right) \left(\mathrm{mod}\, \dfrac{n}{d}\right)$$

A implicação contrária fica como exercício para o leitor. Basta seguir as implicações inversas para realizar a demonstração.

Exercício resolvido 3.7

Encontre todas as soluções da congruência linear $-9x \equiv 33 \pmod{12}$.

Resolução

Primeiro, observamos que $d = \mathrm{mdc}(-9, 12) = 3$. Devemos encontrar $r, s \in \mathbb{Z}$ tal que $-9r + 12s = 3$ e $k \in \mathbb{Z}$ tal que $33 = k \cdot 3$. Temos que $r = 1$ e $s = 1$ satisfazem a equação diofantina e que $k = 11$. Logo, uma solução particular pode ser dada por $x_0 = 1 \cdot 11 = 11$. Como $\dfrac{12}{3} = 4$, temos as soluções seguintes:

$$x_0 = 11;\quad x_1 = 11 + 1 \cdot 4 = 15;\quad x_2 = 11 + 2 \cdot 8 = 19$$

Todas as outras soluções são congruentes módulo 12 a uma dessas.

Como já elucidamos a teoria básica relacionada à congruência, apresentaremos os mais importantes teoremas deste capítulo.

3.4 Teoremas de Fermat, Euler e Wilson

Em 1648, aos 47 anos, o francês Pierre de Fermat (1601-1665) foi promovido a conselheiro do rei no Parlamento de Toulouse, alcançando o topo da carreira. Ele permaneceria com o título até o fim da vida, dedicando-se à matemática *hobby*. Apesar disso, Fermat deu importantes contribuições em diversas áreas dessa ciência, ficando conhecido como Príncipe dos Amadores.

Fermat mantinha correspondência com grandes matemáticos de seu tempo, sendo um grande influenciador dos contemporâneos. Em 1640, enviou uma epístola matemática a Bernard de Bessy (1612-1675) com o enunciado do que veio a ser conhecido como o *pequeno teorema de Fermat*, segundo o qual se p é primo e $p \nmid a$, então $p|(a^{p-1} - 1)$. Na carta, Fermat sugeriu ter uma demonstração para o enunciado, porém não queria se prolongar em sua correspondência. A primeira demonstração conhecida desse teorema foi desenvolvida e publicada em 1736 por Leonhard Euler (1707-1783).

Apresentamos um breve exemplo do pequeno teorema de Fermat, buscando facilitar sua demonstração. Considerando o primo $p = 13$ e $a = 3$, temos:

$1 \cdot 3 \equiv 3 \pmod{13}$

$2 \cdot 3 \equiv 6 \pmod{13}$

$4 \cdot 3 \equiv 12 \pmod{13}$

$5 \cdot 3 \equiv 2 \pmod{13}$

$6 \cdot 3 \equiv 5 \pmod{13}$

$7 \cdot 3 \equiv 8 \pmod{13}$

$8 \cdot 3 \equiv 11 \pmod{13}$

$9 \cdot 3 \equiv 1 \pmod{13}$

$10 \cdot 3 \equiv 4 \pmod{13}$

$11 \cdot 3 \equiv 7 \pmod{13}$

$12 \cdot 3 \equiv 10 \pmod{13}$

Constatamos que 13 não divide nenhum dos produtos $i \cdot 3$ anteriores, com $1 \leq i \leq 12$, isto é, para todo $i \in \mathbb{Z} \cap [1, 12]$, temos $i \cdot 3 \not\equiv 0 \pmod{13}$. Notamos, ainda, que todos os produtos $i \cdot 3$ são incongruentes entre si módulo 13, pois se $i \cdot 3 \equiv j \cdot 3 \pmod{13}$, com $1 \leq i, j \leq 12$, então $i \equiv j \pmod{13}$, o que implicaria $i = j$. Logo, com base nessas duas observações, os produtos $i \cdot 3$ são congruentes a diferentes números entre 1 e 12. Assim, podemos multiplicar membro a membro das congruências, obtendo:

$(1 \cdot 3) \cdot (2 \cdot 3) \cdot (3 \cdot 3) \cdot \ldots \cdot (12 \cdot 3) \equiv 3 \cdot 6 \cdot 9 \cdot 12 \cdot 2 \cdot 5 \cdot 8 \cdot 11 \cdot 1 \cdot 4 \cdot 7 \cdot 10 \pmod{13}$

$1 \cdot 2 \cdot 3 \cdot \ldots \cdot 12 \cdot 3^{12} \equiv 1 \cdot 2 \cdot 3 \cdot 4 \cdot 5 \cdot 6 \cdot 7 \cdot 8 \cdot 9 \cdot 10 \cdot 11 \cdot 12 \pmod{13}$

$12! \cdot 3^{12} \equiv 12! \pmod{13}$

Como mdc(12!, 13) = 1, pelo teorema 3.12, concluímos que $3^{12} \equiv 1 \pmod{13}$, concluindo que, nesse caso particular, o pequeno teorema de Fermat é válido. Agora, dispomos de condições para demonstrar esse teorema com facilidade.

Teorema 3.17 (pequeno teorema de Fermat)

Sejam p um número primo e a um inteiro que não é múltiplo de p, isto é, $p \nmid a$. Então, $a^p \equiv a \pmod{p}$.

Demonstração:

Consideramos a sequência $(a, 2a, 3a, \ldots, (p-1)a)$ de múltiplos de a para evidenciar, primeiro, que nenhum elemento dessa sequência é múltiplo de p. Supomos por redução ao absurdo que existe $k \in \{1, 2, \ldots, p-1\}$ tal que $k \cdot a$ seja múltiplo de p. Logo, $p | (k \cdot a)$. Como p e k são relativamente primos $p \nmid k$, isto é, mdc(p, k) = 1. Pelo teorema 2.12, temos o absurdo $p | a$.

O segundo passo dessa demonstração é provar que não existem dois números na sequência $(a, 2a, 3a, \ldots, (p-1)a)$ congruentes entre si módulo p. Consideramos para isso, dois números k_1 e k_2 tais que $k_1 \neq k_2$ e $k_1, k_2 \in \{1, 2, 3, \ldots, p-1\}$. Supondo que $ak_1 \equiv ak_2 \pmod{p}$, como a e p são relativamente primos, isto é, mdc(a, p) = 1, existe a^* tal que $a^*a \equiv aa^* \equiv 1 \pmod{p}$. Portanto:

$a^*ak_1 \equiv a^*ak_2 \pmod{p}$

$k_1 \equiv k_2 \pmod{p}$

Logo, pelo corolário 3.3, temos o absurdo $k_1 = k_2$.

O terceiro passo é mostrar que cada um dos números da sequência $(a, 2a, 3a, \ldots, (p-1)a)$ é congruente a um e só um dos elementos do conjunto $\{1, 2, 3, \ldots, p-1\}$. Como p é primo, o conjunto $\{0, 1, 2, 3, \ldots, p-1\}$ forma um sistema completo de resíduos módulo p, isto é, há uma correspondência biunívoca entre um subconjunto de $\{0, 1, 2, 3, \ldots, p-1\}$ e qualquer conjunto que contém no máximo p elementos incongruentes entre si módulo p, não necessariamente na mesma ordem. Com base no que foi demonstrado no segundo passo, constatamos que cada um dos elementos do conjunto $\{1, 2, 3, \ldots, p-1\}$ é congruente a um, e somente um, dos números da sequência $(a, 2a, 3a, \ldots, (p-1)a)$.

Multiplicando membro a membro essas congruências, temos:

$a \cdot 2a \cdot 3a \cdot \ldots \cdot (p-1)a \equiv 1 \cdot 2 \cdot 3 \cdot \ldots \cdot (p-1) \pmod{p}$

$a^{p-1} \cdot \left(1 \cdot 2 \cdot 3 \cdot \ldots \cdot (p-1)\right) \equiv 1 \cdot 2 \cdot 3 \cdot \ldots \cdot (p-1) \pmod{p}$

$a^{p-1} \cdot (p-1)! \equiv (p-1)! \pmod{p}$

Como $(p-1)! = \prod_{1}^{p-1} i$ é formado por multiplicações de números que não são múltiplos de p, temos que $\mathrm{mdc}(p, (p-1)!) = 1$ (verifique). Pelo teorema 3.7, temos:

$$a^{p-1} \equiv 1 \pmod{p}$$

Multiplicando por a ambos os lados da congruência, temos $a^p \equiv a \pmod{p}$, como objetivamos demonstrar.

■

Muitos autores enunciam a tese do pequeno teorema de Fermat como $a^{p-1} \equiv 1 \pmod{p}$, que já apontamos como afirmações equivalentes. Outra observação a ser realizada é que o enunciado também é válido para os casos em que a é múltiplo de p, sendo o caso mais simples, bastando observar que, se $a \equiv 0 \pmod{p}$, então $a^p \equiv 0^p \equiv 0 \equiv a \pmod{p}$.

A seguir, apresentaremos alguns conceitos importantes para o desenvolvimento da teoria e para a compreensão e demonstração do teorema de Euler.

Definição 3.6

A função ϕ de Euler, denotada por $\phi(n): \mathbb{N} \to \mathbb{N}$, é definida como a função que leva um número n ao número de inteiros positivos menores ou iguais a n que são relativamente primos com n.

Definição 3.7

Um conjunto de $\phi(m)$ números inteiros $\{r_1, r_2, r_3, ..., r_{\phi(m)}\}$ é um sistema reduzido de resíduos módulo m se cada elemento do conjunto for relativamente primo com m e se $r_i \not\equiv r_j \pmod{m}$ para cada $i \neq j$.

Teorema 3.18 (teorema de Euler)

Se $m \in \mathbb{Z}^*$ e $a \in \mathbb{Z}$ tal que $\mathrm{mdc}(a, m) = 1$, então:

$$a^{\phi(m)} \equiv 1 \pmod{m}$$

Demonstração:

Vamos mostrar que se $r_1, r_2, ..., r_{\phi(m)}$ é um sistema reduzido de resíduos e $\mathrm{mdc}(a, m) = 1$, então $ar_1, ar_2, ..., ar_{\phi(m)}$ também forma um sistema reduzido de resíduos. Temos $\phi(m)$ elementos no conjunto $\{r_1, r_2, ..., r_{\phi(m)}\}$ e devemos demonstrar que cada um deles é relativamente primo com m. Como $\mathrm{mdc}(a, m) = 1$ e $\mathrm{mdc}(r_i, m) = 1$, pelo que já verificamos em um exercício resolvido do Capítulo 2, $\mathrm{mdc}(ar_i, m) = 1$ para cada $1 \leq i \leq \phi(m)$. Para completar a primeira parte da demonstração, basta provar que todos os elementos de $\{r_1, r_2, ..., r_{\phi(m)}\}$ são incongruentes entre si, isto é, que $ar_i \not\equiv ar_j \pmod{m}$ para cada $i \neq j$. Supomos por absurdo que $ar_i \equiv ar_j \pmod{m}$. Como $\mathrm{mdc}(a, m) = 1$, então a admite inverso aritmético a^* módulo m. Sendo assim, é válido que:

$a^*ar_i \equiv a^*ar_j \pmod{m}$

$r_i \equiv r_j \pmod{m}$

Desse modo, i = j, pois $\{r_1, r_2, ..., r_{\phi(m)}\}$ é um sistema reduzido de resíduos *mod m*. Logo, o conjunto $\{ar_1, ar_2, ..., ar_{\phi(m)}\}$ é um sistema reduzido de resíduos *mod m*, o que significa que ar_i é congruente a exatamente um dos r_j para $1 \leq i, j \leq \phi(m)$. Portanto, a multiplicação dos ar_i também é congruente à multiplicação dos r_j:

$ar_1 \cdot ar_2 \cdot ... \cdot ar_{\phi(m)} \equiv r_1 \cdot r_2 \cdot ... \cdot r_{\phi(m)} \pmod{m}$ $a^{\phi(m)} \cdot (r_1 \cdot r_2 \cdot ... \cdot r_{\phi(m)})$

$\equiv r_1 \cdot r_2 \cdot ... \cdot r_{\phi(m)} \pmod{m}$

Como $\mathrm{mdc}(r_1 \cdot r_2 \cdot ... \cdot r_{\phi(m)}, m) = 1$, pelo teorema 3.7 $a^{\phi(m)} \equiv 1 \pmod{m}$, como objetivamos demonstrar. ∎

Quando *p* é um número primo, $\phi(p) = p - 1$. Então, concluímos que o teorema de Euler é uma generalização do pequeno teorema de Fermat.

Agora, provaremos um resultado que será necessário para demonstrar o teorema de Wilson.

Teorema 3.19

Sendo *p* um primo e $a \in \mathbb{N}^*$, temos que *a* é seu próprio inverso aritmético, isto é, $a = a^*$ tal que $aa^* \equiv a^2 \equiv 1 \pmod{p}$ se, e somente se, $a \equiv 1 \pmod{p}$ ou $a \equiv -1 \pmod{p}$.

Demonstração:

Se *a* for seu próprio inverso aritmético, $a^2 \equiv 1 \pmod{p}$, o que é equivalente a $p|(a^2 - 1)$. E $p|(a^2 - 1)$ implica $p|(a - 1)(a + 1)$. Pelo teorema 2.18, item (II), $p|(a - 1)$ ou $p|(a + 1)$, isto é $a \equiv 1 \pmod{p}$ ou $a \equiv -1 \pmod{p}$.

Agora, supomos que $a \equiv 1 \pmod{p}$ ou $a \equiv -1 \pmod{p}$, que significa $p|(a - 1)$ ou $p|(a - 1)$ ou $p|(a + 1)$, respectivamente. Portanto, $p|(a - 1)(a + 1)$, isto é, $p|(a^2 - 1)$, implicando diretamente aquilo que pretendemos demonstrar, pois *a* tem o próprio inverso aritmético exatamente se $a^2 \equiv 1 \pmod{p}$. ∎

Teorema 3.20 (teorema de Wilson)

Se *p* é primo, então $(p - 1)! \equiv -1 \pmod{p}$.

Demonstração:

Para p = 2, a tese é válida, pois $(2 - 1)! \equiv 1 \equiv -1 \pmod{2}$. Pelo teorema 3.5, a congruência $ax \equiv 1 \pmod{p}$ tem solução única se, e somente se, $\mathrm{mdc}(a, p)|1$, e $\mathrm{mdc}(a, p) = 1$ para todo a = 1, 2, ..., p – 1. Portanto, entre os elementos desse conjunto somente 1 e p – 1 são inversos aritméticos próprios módulo p, isto é, $1 \cdot 1 \equiv 1 \pmod{p}$ e $(p-1) \cdot (p-1) \equiv \pmod{p}$. Então, com o restante dos elementos, podemos agrupá-los dois a dois, de modo que o produto deles (ax) cumpra $ax \equiv 1 \pmod{p}$, pois a existência e unicidade da solução já está garantida pelo teorema 3.5. Se multiplicarmos essas congruências, temos:

$$2 \cdot 3 \cdot \ldots \cdot (p-2) \equiv \pmod{p}$$

Multiplicando ambos os lados da congruência por $(p-1)$, obtemos:

$$2 \cdot 3 \cdot \ldots \cdot (p-2) \cdot (p-1) \equiv (p-1) \pmod{p}$$

$$(p-1)! \equiv (p-1) \pmod{p}$$

Como $p - 1 \equiv -1 \pmod{p}$, pela transitividade $(p-1)! \equiv -1 \pmod{p}$.

3.5 Teorema do resto chinês

Também conhecido como *teorema chinês do resto*, recebeu esse nome por estar ligado às soluções de problemas de astronomia estudados por matemáticos chineses no século II.

Teorema 3.21 (teorema do resto chinês)

Considerando $m_1, m_2, \ldots, m_n \in \mathbb{Z}_+^*$ relativamente primos entre si dois a dois e, ainda, $a_1, a_2, \ldots, a_n, b_1, b_2, \ldots, b_n \in \mathbb{Z}$ tais que $\mathrm{mdc}(a_i, m_i) = 1$ para cada $1 \le i \le n$. Então, o sistema de congruências a seguir admite solução, e a solução é única módulo $m = m_1 \cdot m_2 \cdot \ldots \cdot m_n$.

$$\begin{cases} a_1 x \equiv b_1 \pmod{m_1} \\ a_2 x \equiv b_2 \pmod{m_2} \\ \quad \vdots \\ a_n x \equiv b_n \pmod{m_n} \end{cases}$$

Demonstração:

Provaremos, primeiro, a existência de solução do sistema. Como a_i e m_i são relativamente primos para cada $i \in \{1, 2, \ldots, n\}$, pelo corolário 3.6 a congruência $a_i x \equiv b_i \pmod{m_i}$ sempre tem solução s_i, a qual é única. Denotamos por $r_i = \dfrac{m}{m_i}$ e observamos que $\mathrm{mdc}(r_i, m_i) = 1$, pois qualquer m_j é relativamente primo com m_i para todo $i \ne j$, $1 \le i, j \le n$. Logo, analisando as n congruências $r_i x \equiv 1 \pmod{m_i}$, verificamos que o corolário 3.6 garante a existência e unicidade de solução de cada uma das congruências, sejam elas denotadas por r_i^*. Constatamos, ainda, que $a_1 s_1 r_1 r_1^* + a_2 s_2 r_2 r_2^* + \ldots + a_n s_n r_n r_n^* \equiv a_i s_i r_i r_i^* \pmod{m_i}$, pois r_j é divisível por m_i para $i \ne j$. Assim:

$$a_i s_i \equiv b_i \pmod{m_i}$$

$$a_i s_i r_i r_i^* \equiv b_i \pmod{m_i}$$

$$a_1 s_1 r_1 r_1^* + a_2 s_2 r_2 r_2^* + \ldots + a_n s_n r_n r_n^* \equiv b_i \pmod{m_i}$$

Logo, $x = s_1 r_1 r_1^* + s_2 r_2 r_2^* + \ldots + s_n r_n r_n^*$ é uma solução simultânea para o sistema de congruências.

Agora, provaremos a unicidade de tal solução módulo $m = m_1 \cdot m_2 \cdot \ldots \cdot m_n$. Supomos que existe outra solução $\bar{x}$, assim sendo $a_i \bar{x} \equiv b_i \equiv a_i x \pmod{m_i}$. Como temos por hipótese que $mdc(a_i, m_i) = 1$, obtemos $\bar{x} \equiv x \pmod{m_i}$. Portanto, $m_i | (\bar{x} - x)$ para $i \in \{1, 2, \ldots, n\}$. Como $mdc(m_i, m_j) = 1$ para todo $i \neq j$, então $mmc(m_1, m_2, \ldots, m_n) = m_1 \cdot m_2 \ldots \cdot m_n = m$. Além disso, por $m_i | (\bar{x} - x)$, considerando uma extensão natural do teorema 2.15 para vários termos, $m | (\bar{x} - x)$, isto é, $\bar{x} \equiv x \pmod{m}$, como objetivamos demonstrar. ∎

O teorema do resto chinês é uma ferramenta para diversas aplicações práticas, das mais simples às mais complexas. Vejamos uma dessas aplicações utilizando um algoritmo para analisar simultaneamente se um número é divisível por 7, 11 ou 13.

Observamos que $7 \cdot 11 \cdot 13 = 1\,001$ e que $10^3 = 1\,000 \equiv -1 \pmod{1\,001}$. Portanto:

$$(a_n a_{n-1} a_{n-2} \ldots a_1 a_0)_{10} = a_n 10^n + a_{n-1} 10^{n-1} + a_{n-2} 10^{n-2} + \ldots + a_1 10 + a_0$$

$$= (a_2 10^2 + a_1 10 + a_0) + 10^3(a_5 10^2 + a_4 10 + a_3) + (10^3)^2(a_8 10^2 + a_7 10 + a_6) + \ldots$$

$$\equiv (a_2 a_1 a_0)_{10} - (a_5 a_4 a_3)_{10} + (a_8 a_7 a_6)_{10} - \ldots \pmod{1\,001}$$

Isso sugere que qualquer número inteiro é congruente (mod 1001) a um número formado pela subtração e soma sucessiva dos dígitos de blocos de três em três algarismos do inteiro, sendo estes blocos formados da direita para a esquerda.

Exercício resolvido 3.8

Analise se o número 80 489 856 356 é divisível por 7, 11 ou 13.

Resolução

Utilizamos o algoritmo para resolver esse problema:

$$356 - 856 + 489 - 80 = -91$$

Temos que $7|(-91)$; $11\nmid(-91)$; $13|(-91)$. Concluímos que o número 80 489 856 356 não é divisível por 11, porém é divisível por 7 e por 13.

Síntese

Neste capítulo, analisamos as equações diofantinas lineares, suas relações com as congruências lineares e diversos resultados associados ao conceito de congruência e às soluções das congruências lineares. Abordamos os teoremas de Euler, Fermat e Wilson, os quais são resultados que envolvem congruências lineares, e o teorema do resto chinês, que garante a existência de solução de sistemas de congruências lineares sob certas condições.

Atividades de autoavaliação

1) Sobre o problema a seguir, indique se as afirmações são verdadeiras (V) ou falsas (F). Um cinema vende ingressos por R$ 18,00 para adultos e R$ 7,50 para crianças. Certa noite, arrecadou exatamente R$ 900,00 com ingressos. Quantos adultos e quantas crianças estiveram nesse cinema naquela noite, sabendo-se que eram mais adultos do que crianças?

   ( ) Para solucionar o problema, deve-se resolver a equação diofantina $18x + 7{,}5y = 900$ sujeita à condição $y > x \geq 0$.

   ( ) Para solucionar o problema, deve-se resolver a equação diofantina $36x + 15y = 1\,800$ sujeita à condição $x > y \geq 0$.

   ( ) A solução geral da equação diofantina simplificada que representa o problema é $x = 120 + 12t$ e $y = -5t$ para todo $t \in \mathbb{Z}$.

   ( ) Há três possíveis soluções para o problema, nas quais os valores encontrados para o número de crianças são todos pares, e os valores encontrados para o número de adultos são todos múltiplos de 5.

   ( ) É possível afirmar que havia 24 crianças e 40 adultos.

   Agora, assinale a alternativa que corresponde à sequência obtida:
   a. V, F, V, V, V.
   b. V, F, V, F, F.
   c. F, V, V, V, F.
   d. F, V, F, F, V.
   e. V, F, F, V, V.

2) Ao descontar um cheque em seu banco, Francisco recebeu, sem perceber, o número de reais trocados pelo número de centavos e vice-versa. Logo depois de sair do banco, comprou chicletes e gastou 68 centavos. Surpreso, notou que havia sobrado exatamente o dobro da quantia original do cheque.

   Utilizando as equações diofantinas, é possível descobrir o menor valor possível com o qual o cheque foi preenchido. Com base nas informações obtidas, indique se as afirmações a seguir são verdadeiras (V) ou falsas (F).

( ) A equação diofantina que representa o problema dado é 98x – 199y = 68, em que x representa o número de reais, e y, o número de centavos recebidos no banco.

( ) O menor valor possível com o qual o cheque foi preenchido é R$ 102,10.

( ) Sendo x o número de reais, e y, o número de centavos recebidos no banco, a primeira equação obtida com os dados é 100x + y – 68 = 2 · (100y + x).

( ) Todas as soluções inteiras possíveis do problema são dadas por x = –67 · 68 – 199t e y = –33 · 68 – 98t.

( ) Para determinar o valor mínimo para a quantia do cheque, obtém-se t = –23.

( ) O menor valor possível para o cheque é R$ 10,21.

Agora, assinale a alternativa que corresponde à sequência obtida:

a. V, F, V, V, V, V.
b. V, F, V, F, F, V.
c. F, V, V, V, F, F.
d. F, V, F, F, V, F.
e. F, F, F, V, F, V.

3) Indique se as afirmações a seguir são verdadeiras (V) ou falsas (F).

( ) O conjunto {41, 29, –5, 7, 18, 54, 17} representa um sistema completo de resíduos módulo 7.

( ) O conjunto {0, 1, 2, 3, 4, 5, 6, 7, 8, 9, 10, 11, 12, 13} é o conjunto dos menores restos não negativos módulo 13.

( ) O conjunto {0, 3, 3^2, 3^3, 3^4, 3^5, ..., 3^{16}} representa um sistema completo de resíduos módulo 17.

( ) Qualquer conjunto de n inteiros consecutivos forma um sistema completo de resíduos.

( ) Se a ≡ b (mod n), então c^a ≡ c^b (mod n).

Agora, assinale a alternativa que corresponde à sequência obtida:

a. V, F, V, V, V.
b. F, F, F, V, F.
c. V, F, V, V, F.
d. F, V, F, F, V.
e. V, F, V, F, F.

4) Indique se as afirmações a seguir são verdadeiras (V) ou falsas (F).

( ) A congruência linear –3x ≡ 18 (mod 15) admite apenas as soluções x_0 = 24, x_1 = 29, x_2 = 20 e nenhuma outra congruente a estas.

( ) A congruência linear 7x ≡ 1 (mod 6) admite solução única módulo 6.

( ) A congruência linear 6x ≡ 14 (mod 4) tem duas soluções diferentes módulo 4.

( ) A congruência linear –3x ≡ 18 (mod 15) admite uma única solução.

( ) A equação x ≡ 7 (mod 2) é uma congruência linear.

Agora, assinale a alternativa que corresponde à sequência obtida:
a. V, F, V, V, V.
b. F, F, F, V, F.
c. V, F, V, V, F.
d. F, V, F, F, V.
e. F, V, V, F, V.

5) Indique se as afirmações a seguir são verdadeiras (V) ou falsas (F).

( ) Sendo m = 8 e a = 5, temos, do teorema de Euler, que $5^3 \equiv 1 \pmod{8}$.

( ) O conjunto {0, 1, 2, 3, 4, 5, 6, 7} é um sistema completo de resíduos módulo 8, portanto o conjunto {1, 3, 5, 7} é um sistema reduzido de resíduos módulo 8.

( ) O conjunto {0, 1, 2, 3, 4, 5, 6, 7} é um sistema completo de resíduos módulo 8, portanto o conjunto {0, 2, 4, 6} é um sistema reduzido de resíduos módulo 8.

( ) O conjunto {0, 1, 2, 3, 4, 5, 6, 7} é um sistema completo de resíduos módulo 8, portanto o conjunto {1, 3, 5, 7} é um sistema reduzido de resíduos módulo 8, o que resulta, ainda, que o conjunto {5 · 1, 5 · 3, 5 · 5, 5 · 7} também é um sistema reduzido de resíduos módulo 8.

( ) Como {5, 15, 25, 35} é um sistema reduzido de resíduos módulo 8 e

$$5 \cdot 1 \equiv 5 \pmod{8}$$
$$5 \cdot 3 \equiv 7 \pmod{8}$$
$$5 \cdot 5 \equiv 1 \pmod{8}$$
$$5 \cdot 7 \equiv 3 \pmod{8}$$

então, $5^4(1 \cdot 3 \cdot 5 \cdot 7) \equiv 1 \cdot 3 \cdot 5 \cdot 7 \pmod{8}$.

Agora, assinale a alternativa que corresponde à sequência obtida:
a. V, F, V, F, V.
b. F, V, F, F, F.
c. V, F, F, V, V.
d. F, V, F, V, V.
e. V, F, V, V, V.

6) Indique se as afirmações a seguir são verdadeiras (V) ou falsas (F).

( ) Para encontrar o menor resíduo positivo de 6 · 7 · 8 · 9 módulo 5, deve-se primeiro analisar que $6 \equiv 1 \pmod 5$, $7 \equiv 2 \pmod 5$, $8 \equiv 3 \pmod 5$ e $9 \equiv 4 \pmod 5$. Temos que $6 \cdot 7 \cdot 8 \cdot 9 \equiv 1 \cdot 2 \cdot 3 \cdot 4 \pmod 5$ e, pelo teorema de Wilson, $4! \equiv -1 \pmod 5$. Logo, $6 \cdot 7 \cdot 8 \cdot 9 \equiv -1 \pmod 5$.

( ) O primo 13 não divide a soma $2^{70} + 3^{70}$.

( ) Se p é primo, então $(p-1)! \equiv (p-1) \pmod{1 + 2 + 3 + \ldots + (p-1)}$.

( ) Se p é primo ímpar, então $\mathrm{mdc}((p-1)! - 1, p!) = 1$.

( ) Para $m > 2$, o conjunto $\{1^2, 2^2, 3^2, ..., m^2\}$ forma um conjunto completo de resíduos módulo m.

Agora, assinale a alternativa que corresponde à sequência obtida:

a. V, F, V, V, F.
b. F, V, V, F, F.
c. V, F, F, V, F.
d. F, V, F, F, V.
e. V, F, V, V, V.

7) Indique se as afirmações a seguir são verdadeiras (V) ou falsas (F).

( ) O número 489 856 356 é divisível por 11 e não é divisível por 7 ou por 13.

( ) 1 438 543 121 136∤7 e 1 438 543 121 136∣13.

( ) Para encontrar o resto da divisão de $2^{100\,000}$ por 17, tem-se que, como 17 é primo e $17 \nmid 2$, pelo pequeno teorema de Fermat, $2^{16} \equiv 1 \pmod{17}$. Logo, $2^{100\,000} = (2^{16})^{6\,250} \equiv 1^{6\,250} \equiv 1 \pmod{17}$, concluindo-se que o resto da divisão é 1.

( ) Para quaisquer $a, b \in \mathbb{Z}$ e $m \in \mathbb{Z}_+^*$, temos que $a \equiv b \pmod{m}$ se, e somente se, $\mathrm{mdc}(a, m) = \mathrm{mdc}(b, m)$.

( ) Para quaisquer $a, b, c \in \mathbb{Z}^*$ e $m \in \mathbb{N}$, temos $ab \equiv ac \pmod{m}$ se, e somente se, $b \equiv c \pmod{m}$.

Agora, assinale a alternativa que corresponde à sequência obtida:

a. V, F, V, V, F.
b. F, V, V, F, F.
c. V, F, V, V, F.
d. F, V, F, F, V.
e. V, F, V, F, F.

Atividades de aprendizagem

Questões para reflexão

1) Pouco se sabe sobre a vida de Diofanto. Acredita-se que viveu em meados do século III, em Alexandria. Há um único relato sobre sua vida, encontrado em forma de enigma, que diz o seguinte:

Deus lhe concedeu ser menino pela sexta parte de sua vida, e somando uma duodécima parte a isso cobriu-lhe as faces de penugem. Ele lhe acendeu a lâmpada nupcial após uma sétima parte, e cinco anos após seu casamento concedeu-lhe um filho. Ai! Infeliz criança; depois de viver a metade da vida de seu pai, o destino frio o levou. Depois de se consolar de sua dor durante quatro anos com a ciência dos números ele terminou sua vida. (Boyer, 1996, p. 121)

De acordo com esse enigma, quantos anos viveu Diofanto?

2) Muitos problemas da vida cotidiana admitem somente soluções inteiras. Outros, somente soluções inteiras não negativas. Crie um problema de seu cotidiano que possa levá-lo a uma equação diofantina.

3) Calcule o resto da divisão de:
   a. 8^{765} por 7
   b. $7^{5\,001}$ por 8
   c. 41^{41} por 7
   d. $1^2 + 2^2 + \ldots + 100^2$ por 4

4) Prove que, para todo $a \in \mathbb{Z}$, a^2 não pode terminar em 2, 3, 7 ou 8.

5) Prove que, se $p > 3$ é primo, então $p \equiv 1$ ou $5 \pmod{6}$.

Atividades aplicadas: prática

1) Com base nas equações diofantinas, demonstre todas as soluções possíveis do problema que você criou na questão para reflexão.

2) No fim do ano, Pedro comprou presentes para todos os seus sobrinhos: carrinhos para os meninos e bonecas para as meninas. Sabendo que Pedro gastou ao todo R$ 993,00, cada carrinho custou R$ 75,00 e cada boneca custou R$ 36,00, quantos sobrinhos Pedro tem?

Neste capítulo, nossa abordagem volta-se para as funções aritméticas. Primeiramente, analisaremos essas funções em um caráter mais geral, além da exposição de exemplos, como a função de Möbius. Em seguida, destacaremos uma das mais importantes funções aritméticas para a teoria dos números: a função de Euler. Apresentaremos algumas de suas propriedades, a fim de caracterizá-la para todo o conjunto dos inteiros positivos. Trataremos, ainda, dos números perfeitos, além dos números de Mersenne. Por fim, evidenciaremos a relação de recorrência de sequências, com ênfase na sequência de Fibonacci.

4 Funções aritméticas

4.1 Definição

Denominamos *função aritmética* uma função f: $\mathbb{N}^* \to \mathbb{X}$, em que $\mathbb{X}$ é um subconjunto dos complexos.

O que tal definição sugere é que uma função aritmética é uma função definida para todos os naturais não nulos, não restringindo seu contradomínio. Podemos citar alguns exemplos de funções aritméticas já analisadas em nossa teoria, como a função N(a), que associa a $\in \mathbb{Z}$ a seu número de divisores positivos, e a função φ de Euler.

Uma classe de funções aritméticas estudada na teoria dos números é a multiplicativa, conceito formalizado a seguir.

Teorema 4.1

Uma função aritmética é denominada *multiplicativa* se f(1) = 1 e f(ab) = f(a)f(b) para quaisquer a, b $\in \mathbb{Z}$ tais que mdc(a, b) = 1.

Uma função que cumpre f(1) = 1 e f(ab) = f(a)f(b) para quaisquer a, b $\in \mathbb{Z}$ é dita *totalmente multiplicativa*. Vejamos alguns exemplos de funções totalmente multiplicativas.

■

Exemplo 4.1

A função identidade f(a) = a para todo n $\in \mathbb{N}$ e a função constante igual a 1 f(a) = 1 para todo a $\in \mathbb{N}$ são funções totalmente multiplicativas.

Provaremos, a seguir, uma propriedade interessante das funções multiplicativas.

Teorema 4.2

Dada uma função f(a) multiplicativa, a seguinte função também é multiplicativa:

$$F(a) = \sum_{d|a} f(d)$$

Demonstração:

Primeiro, é trivial que:

$$F(1) = \sum_{d|1} f(d) = f(1) = 1$$

Precisamos demonstrar que $F(a \cdot b) = F(a) \cdot F(b)$ para a, b relativamente primos. Note que, pelo teorema 2.24, para todo d com $d|ab$, existem d_1, d_2 relativamente primos tais que $d_1|a$, $d_2|b$ e $d = d_1 d_2$. Assim, por f ser multiplicativa, temos:

$$F(ab) = \sum_{d|ab} f(d)$$

$$= \sum_{\substack{d_1|a \\ d_2|b}} f(d_1 d_2)$$

$$= \sum_{\substack{d_1|a \\ d_2|b}} f(d_1)f(d_2)$$

$$= \left(\sum_{d_1|a} f(d_1)\right)\left(\sum_{d_2|b} f(d_2)\right)$$

$$= F(a) \cdot F(b)$$

∎

Teorema 4.3

Consideramos f uma função multiplicativa e $a_1, a_2, \ldots, a_n$ inteiros positivos, relativamente primos dois a dois. Assim:

$$f(a_1 a_2 \ldots a_n) = f(a_1)f(a_2) \ldots f(a_n)$$

Demonstração:

Provaremos esse resultado por indução em n.

A definição de função multiplicativa atesta a veracidade do resultado para n = 2.

Supomos válido o resultado para n = k e consideramos $a_1, a_2, \ldots, a_{k+1}$ relativamente primos dois a dois. Assim, $a_1 a_2 \ldots a_k$ e a_{k+1} são relativamente primos. Portanto:

$$f(a_1 a_2 \ldots a_{k+1}) = f(a_1 a_2 \ldots a_k a_{k+1})$$
$$= f(a_1 a_2 \ldots a_k \cdot a_{k+1})$$
$$= f(a_1 a_2 \ldots a_k) \cdot f(a_{k+1})$$
$$= f(a_1)f(a_2) \ldots f(a_k) \cdot f(a_{k+1})$$

∎

Definição 4.1

Define-se a função aritmética σ, associando a cada a ∈ ℕ* a soma dos divisores positivos de *a*, isto é:

$$\sigma(a) = \sum_{d|a} d$$

Decorre do teorema 4.2 que σ é multiplicativa, pois f(d) = d é multiplicativa. Caracterizaremos, a seguir, os valores de σ quando aplicada a uma potência de um número primo.

Teorema 4.4

Dados p, n ∈ ℕ*, com *p* primo:

$$\sigma(p^n) = \frac{p^{n+1} - 1}{p - 1}$$

Demonstração:
Como *p* é primo, pela fórmula da soma de termos de uma progressão geométrica, temos:

$$\sigma(p^n) = 1 + p + p^2 + \ldots + p^n$$
$$= \frac{p^{n+1} - 1}{p - 1}$$

∎

Com base nos teoremas 4.3 e 4.4, podemos apresentar os valores de σ para qualquer natural a ∈ ℕ*, a depender de sua fatoração em primos, como segue.

Corolário 4.1

Dado natural positivo $a = p_1^{\alpha_1} p_2^{\alpha_2} \ldots p_n^{\alpha_n}$, temos:

$$\sigma(a) = \left(\frac{p_1^{\alpha_1+1} - 1}{p_1 - 1}\right)\left(\frac{p_2^{\alpha_2+1} - 1}{p_2 - 1}\right) \ldots \left(\frac{p_n^{\alpha_n+1} - 1}{p_n - 1}\right)$$

Demonstração:
Como os números $p_1^{\alpha_1}, p_2^{\alpha_2}, \ldots, p_n^{\alpha_n}$ são relativamente primos dois a dois, do teorema 4.3, temos:

$$\sigma(a) = p_1^{\alpha_1} p_2^{\alpha_2} \ldots p_n^{\alpha_n}$$
$$= \sigma(p_1^{\alpha_1})\sigma(p_2^{\alpha_2}) \ldots \sigma(p_n^{\alpha_n})$$

Assim, o resultado decorre diretamente do teorema 4.4.

∎

A seguir, definiremos a função de Möbius e provaremos que ela é multiplicativa.

Definição 4.2

Consideramos um natural $a = p_1^{\alpha_1} p_2^{\alpha_2} \ldots p_n^{\alpha_n}$. Assim, a função de Möbius $\mu : \mathbb{N} \to \{-1, 0, 1\}$ é dada por:

$\mu(1) = 1$
$\mu(a) = (-1)^n$, se $\alpha_1 = \alpha_2 = \ldots \alpha_n = 1$
$\mu(a) = 0$, caso contrário

Podemos notar que $\mu(a) = 0$ se existir um primo na representação com potência maior ou igual a dois. Quando isso não ocorre, afirmamos que *a* é livre de quadrados. Nosso próximo passo é provar que μ é uma função multiplicativa.

Teorema 4.5

A função de Möbius μ é multiplicativa.

Demonstração:

Por definição, $\mu(1) = 1$. Agora, considerando os naturais *a* e *b* relativamente primos, vamos dividir a demonstração em casos. Supomos, sem perda de generalidade, que, na representação de *a*, aparece uma potência maior ou igual a dois em determinado primo. Assim, certamente tal primo terá uma potência maior ou igual a dois na multiplicação a · b. Portanto:

$\mu(ab) = 0$
$= 0 \cdot \mu(b)$
$= \mu(a) \cdot \mu(b)$

Agora, supomos que *a* e *b* sejam livres de quadrados. Assim, esses elementos podem ser representados por $a = p_1 p_2 \ldots p_n$ e $b = q_1 q_2 \ldots q_r$. Como mdc $(a, b) = 1$, os conjuntos $\{p_1, p_2, \ldots, p_n\}$ e $\{q_1, q_2, \ldots, q_r\}$ são disjuntos.

Logo:

$\mu(ab) = (p_1 p_2 \ldots p_n q_1 q_2 \ldots q_r)$
$= (-1)^{n+r}$
$= (-1)^n \cdot (-1)^r$
$= \mu(a) \cdot \mu(b)$

■

Teorema 4.6

Dada função de Möbius μ, temos que:

$$F(a) = \sum_{d|a} \mu(d) = \begin{cases} 1, \text{ se } a = 1 \\ 0, \text{ se } a > 1 \end{cases}$$

Demonstração:

Do teorema 4.2, temos que F é multiplicativa, por μ também ser. Então:

$F(1) =$
$\sum_{d|1} \mu(d)$
$= \mu(1)$
$= 1$

Por outro lado, o objetivo é demonstrar que $F(a) = 0$ se $a > 1$. Note que, por F ser multiplicativa, basta avaliá-la em $a = p^n > 1$ arbitrário (e p primo) para ter conhecimento de toda a sua expressão. Assim, temos:

$F(p^n) = \sum_{d|p^n} \mu(d)$
$= \mu(1) + \mu(p) + \mu(p^2) + \ldots + \mu(p^n)$
$= 1 + \mu(p) + 0 + \ldots + 0$
$= 1 + (-1)$
$= 0$

∎

A afirmação dada no teorema anterior de que basta conhecer $F(p^n)$, deve-se ao fato de que, para $a = p_1^{\alpha_1} p_2^{\alpha_2} \ldots p_r^{\alpha_r}$, temos:

$$F(a) = F\left(p_1^{\alpha_1}\right) F\left(p_2^{\alpha_2}\right) \ldots F\left(p_r^{\alpha_r}\right)$$

4.2 Função de Euler

Como evidenciamos no capítulo anterior, a função de Euler associa para cada $a \in \mathbb{N}$ o número de naturais menores ou iguais que *a* e relativamente primos a *a*. Para praticar a aplicação dessa função, vejamos alguns exemplos de seus valores.

Exemplo 4.2

$\varphi(2) = 1, \varphi(3) = 2, \varphi(6) = 2$

Teorema 4.7

Para natural a ≥ 3, temos que $\varphi(a) \geq 2$.

Demonstração:

Para a ≥ 3, temos a − 1 ≥ 2. Pelo corolário 2.4, a e $a-1$ são relativamente primos. Além disso, a e 1 são relativamente primos, implicando $\varphi(a) \geq 2$. ∎

O próximo resultado caracteriza os valores de φ avaliados em números primos.

Teorema 4.8

Dado $p \in \mathbb{N}$, $\varphi(p) = p - 1$ se, e somente se, p é primo.

Demonstração:

Supondo que, para um natural p, $\varphi(p) = p - 1$, temos que p é relativamente primo a todos os naturais positivos menores que ele, portanto não pode ser decomposto em fatores primos menores que ele, então, p é primo.

Por outro lado, se p é primo, então é relativamente primo com todos os naturais positivos menores que ele, de forma que $\varphi(p) = p - 1$. ∎

Agora que dispomos dos valores da função de Euler para números primos, nosso objetivo é avaliar essa função em potências de um primo arbitrariamente fixado.

Teorema 4.9

Para $p, n \in \mathbb{N}$, com p primo e n ≥ 1, temos que $\varphi(p^n) = p^{n-1}(p-1)$.

Demonstração:

Como p é primo, os únicos naturais positivos menores que p^n que não são relativamente primos a ele são os números que têm alguma potência de p como fator, nomeadamente $1 \cdot p, 2 \cdot p, 3 \cdot p, \ldots, p^{n-1} \cdot p$, totalizando p^{n-1} números. Assim, os demais números entre 1 e p^n são relativamente primos a p^n, o que implica:

$$\varphi(p^n) = p^n - p^{n-1}$$
$$= p^{n-1}(p-1)$$

∎

Exemplo 4.3

$\varphi(13) = 13 - 1 = 12$, pois 13 é um número primo.

Por outro lado, $\varphi(625) = \varphi(5^4) = 5^3 (5 - 1) = 125 \cdot 4 = 500$.

Corolário 4.2

Dados r, s, p $\in \mathbb{N}$, com r, s > 1 e p primo, temos:

$$\varphi(p^r) \cdot \varphi(p^s) < \varphi(p^{r+s})$$

Demonstração:

Pelo teorema anterior, temos:

$$\varphi(p^r) \cdot \varphi(p^s) = p^{r-1}(p-1)p^{s-1}(p-1)$$
$$= p^{r+s-2}(p-1)^2$$
$$= p^{r+s-1}\left(\frac{p-1}{p}\right)(p-1)$$

Como $p - 1 < p$, temos $\dfrac{p-1}{p} < 1$, então:

$$\varphi(p^r) \cdot \varphi(p^s) < p^{r+s-1}(p-1)$$
$$= \varphi(p^{r+s})$$

∎

Corolário 4.3

Dados n, p $\in \mathbb{N}^*$, com p um número primo, temos:

$1 + \varphi(p) = \varphi(p^2) + \ldots + \varphi(p^n) = p^n$

Demonstração:

Pelo teorema anterior, temos:

$1 + \varphi(p) + \varphi(p^2) + \ldots + \varphi(p^n) = 1 + (p-1) + p^1(p-1) + \ldots + p^{n-1}(p-1)$
$= 1 + (1 + p + \ldots + p^{n-1})(p-1)$

Pela fórmula da soma dos termos de uma progressão geométrica, temos:

$$1 + \varphi(p) + \varphi(p^2) + \ldots + \varphi(p^n) = 1 + \left(\frac{p^n - 1}{p - 1}\right)(p-1)$$
$$= p^n$$

∎

O próximo passo para caracterizar totalmente a função de Euler será provar que essa função é multiplicativa, como examinaremos a seguir.

Teorema 4.10

Dados a, b ∈ ℕ relativamente primos, temos:

$\varphi(ab) = \varphi(a)\varphi(b)$

Demonstração:

O objetivo é descobrir o número de naturais positivos menores ou iguais a *ab* relativamente primos a tal. Consideramos os números de 1 a *ab* dispostos da seguinte forma:

1	a + 1	2a + 1	...	(b – 1)a + 1
2	a + 2	2a + 2	...	(b – 1)a + 2
3	a + 3	2a + 3	...	(b – 1)a + 3
⋮	⋮	⋮	⋮	⋮
a	2a	3a	...	ab

Destacada uma linha *r* arbitrária, os termos são dados por r, a + r, 2a + r, ... , (b – 1) a + r. Assim, se mdc(a, r) = d > 1, então mdc(a, ka + r) = d > 1. Dessa forma, os elementos relativamente primos a *ab* devem estar nas linhas em que mdc(a, r) = 1, ou seja, temos φ(a) linhas como espaço de busca.

Por outro lado, como mdc(a, b) = 1, o conjunto {r, a + r, 2a + r, ..., (b – 1)a + r} é um sistema de resíduos módulo *b*. De fato, esse conjunto tem *b* elementos. Supomos, ainda, que ka + r ≡ ja + r (mod b) para certos 0 ≤ k, j ≤ b – 1. Assim, ka ≡ ja(mod b) e, como mdc(a, b) = 1, do teorema 3.7, temos k ≡ j (mod b). Como 0 ≤ k, j b – 1, então k = j, provando que {r, a + r, 2a + r, ..., (b – 1) a + r} é um sistema de resíduos módulo *b*.

Assim, cada uma das φ(a) linhas possui φ(b) elementos relativamente primos com *b* e, por já serem relativamente primos com *a*, são relativamente primos com *ab*. Logo, φ(ab) = φ(a)φ(b). ∎

Como φ é uma função multiplicativa, decorre do teorema 4.3 que, dados $a_1, a_2, \ldots, a_n$ inteiros positivos, relativamente primos dois a dois, temos:

$\varphi(a_1 a_2 \ldots a_n) = \varphi(a_1)\varphi(a_2) \ldots \varphi(a_n)$

Essa informação facilita muito o cálculo da função φ com relação ao teorema 4.10. Por exemplo, pelo teorema 4.10, φ(420) = φ(7)φ(60). Já pelo que foi dito, φ(420) = φ($2^2 \cdot 3 \cdot 5 \cdot 7$) = 2 · 2 · 4 · 6 = 96.

Agora, dispomos de ferramentas para determinar a avaliação da função de Euler para qualquer natural, a depender de sua fatoração em primos, como constataremos no próximo teorema.

Teorema 4.11
Dado natural positivo $a = p_1^{\alpha_1} p_2^{\alpha_2} \ldots p_n^{\alpha_n}$, temos:

$$\varphi(a) = a\left(1 - \frac{1}{p_1}\right)\left(1 - \frac{1}{p_2}\right) \ldots \left(1 - \frac{1}{p_n}\right)$$

Demonstração:

Pelos teoremas 4.3 e 4.9, temos:

$$\varphi(a) = \varphi(p_1^{\alpha_1} p_2^{\alpha_2} \ldots p_n^{\alpha_n})$$

$$= \varphi(p_1^{\alpha_1})\varphi(p_2^{\alpha_2}) \ldots \varphi(p_n^{\alpha_n})$$

$$p_1^{\alpha_1-1}(p_1 - 1)p_2^{\alpha_2-1}(p_2 - 1) \ldots p_n^{\alpha_n-1}(p_n - 1)$$

$$= p_1^{\alpha_1} p_2^{\alpha_2} \ldots p_n^{\alpha_n}\left(1 - \frac{1}{p_1}\right)\left(1 - \frac{1}{p_2}\right) \ldots \left(1 - \frac{1}{p_n}\right)$$

$$= a\left(1 - \frac{1}{p_1}\right)\left(1 - \frac{1}{p_2}\right) \ldots \left(1 - \frac{1}{p_n}\right)$$

∎

Corolário 4.4
Para $a \geq 3$, temos que $\varphi(a) \equiv 0 \pmod{2}$, isto é, $\varphi(a)$ é par.

Demonstração:

Se $a = 2^n$, com $n \geq 2$, temos $\varphi(2^n) = 2^{n-1}(2 - 1) \equiv 0 \pmod{2}$. Por outro lado, se $a = p^n \cdot k$, em que $n, k \in \mathbb{N}$, $2 < p$ primo e $p \nmid k$, temos que:

$$\varphi(a) = \varphi(p^n \cdot k) = \varphi(p^n)\varphi(k) = p^{n-1}(p - 1)\varphi(k) \equiv 0 \pmod{2}, \text{ pois } p - 1 \text{ é par.}$$

∎

Teorema 4.12
Dado $n \in \mathbb{Z}$, temos:

$$\sum_{d|n} \varphi(d) = n$$

Demonstração:

Primeiro, faremos uma partição do conjunto {1, 2, ..., n} em classes A_d, em que d são os divisores de n. Cada classe A_d contém os elementos m tais que $1 \leq m \leq n$ e $mdc(m, n) = d$. Sabemos que $mdc(m, n) = d$ se, e somente se, $mdc\left(\dfrac{m}{d}, \dfrac{n}{d}\right) = 1$. Assim, $m \in A_d$ se $\dfrac{m}{d}$ for relativamente primo com $\dfrac{n}{d}$. Portanto, A_d tem exatamente $\varphi\left(\dfrac{n}{d}\right)$ elementos. Como o conjunto {1, 2, ..., n} é a união disjunta das classes A_d, temos que:

$$\sum_{d|n} \varphi\left(\frac{n}{d}\right) = n$$

Por outro lado, para cada divisor d de n, $\dfrac{n}{d}$ também é divisor de n, de maneira que $\left\{\dfrac{n}{d}; d|n\right\} = \{d; d|n\}$. Portanto:

$$\sum_{d|n} \varphi(d) = n$$

∎

4.3 Números perfeitos

Nesta seção, trataremos dos números perfeitos, um conceito que será enunciado na próxima definição.

Definição 4.3

Um número natural é perfeito se é a soma de seus divisores, com exceção dele próprio.

Utilizando a função σ, é possível caracterizar os números perfeitos como os naturais a que cumprem $\sigma(a) = 2a$.

Exemplo 4.4

O número 6 é perfeito, pois $6 = 1 + 2 + 3$. De igual forma, os números 28, 496, 8 218, 33 550 336 e 8 589 869 056 são perfeitos.

Os gregos tinham conhecimento dos quatro primeiros números perfeitos, dados por 6, 28, 496 e 8 128. O número 33 550 336 foi acrescentado à lista no século XV.

Na obra *Elementos* (Livro 9, Proposição 36), Euclides demonstra uma maneira de obter números perfeitos. Esse resultado será apresentado no próximo teorema.

Teorema 4.13

Dado $n \in \mathbb{N}$, se $2^n - 1$ for primo, então $2^{n-1}(2^n - 1)$ é um número perfeito.

Demonstração:

Se p é primo, $\sigma(p) = p + 1$. Utilizando esse resultado e o fato de que σ é multiplicativa, temos:

$$\sigma(2^{n-1}(2^n - 1)) = \sigma(2^{n-1})\sigma(2^n - 1)$$

$$= (2^n - 1) \cdot 2^n$$

$$= 2(2^{n-1}(2^n - 1))$$

Portanto, $2^{n-1}(2^n - 1)$ é perfeito. ■

Exemplo 4.5

Os gregos utilizaram o resultado do teorema 4.13 para encontrar os quatro primeiros números perfeitos. Vejamos a aplicação do teorema anterior a esses números:

- Como $2^2 - 1 = 3$ é primo, $2^1(2^2 - 1) = 6$ é perfeito.
- Como $2^3 - 1 = 7$ é primo, $2^2(2^3 - 1) = 28$ é perfeito.
- Como $2^5 - 1 = 31$ é primo, $2^4(2^5 - 1) = 496$ é perfeito.
- Como $2^7 - 1 = 127$ é primo, $2^6(2^7 - 1) = 8\,128$ é perfeito.

Note que os números perfeitos dados pelo procedimento de Euclides são todos pares. Não há conhecimento de números perfeitos ímpares até então, sendo essa existência um dos grandes problemas em aberto da teoria dos números.

Euler provou que, se um número perfeito é par, deve ter a forma apresentada por Euclides, caracterizando, portanto, todos os números perfeitos pares. Vejamos, de maneira mais formal, o resultado apresentado por Euler.

Teorema 4.14

Qualquer número perfeito par a é da forma $a = 2^{n-1}(2^n - 1)$, em que $n \in \mathbb{N}$ e $2^n - 1$ é primo.

Demonstração:

Sendo a um número par, $a = 2^{n-1}k$, com $n \in \mathbb{N}$, $n \geq 2$ e k ímpar. Por outro lado, pela definição de número perfeito, $\sigma(a) = 2a = 2^n k$. Ora, como 2^{n-1} e k são relativamente primos e σ é multiplicativa, temos:

$$\sigma(a) = \sigma(2^{n-1}k) = \sigma(2^{n-1})\sigma(k) = (2^n - 1)\sigma(k)$$

Logo:

$$(2^n - 1)\sigma(k) = 2^n k$$

Como $(2^n - 1)$ é ímpar e 2^n aparece no membro direito da igualdade, temos $\sigma(k) = 2$ para algum inteiro h. Assim:

$$(2^n - 1)2^n h = 2^n k$$

Então:

$$k = (2^n - 1)h = 2^n h - h$$

Portanto:

$$\sigma(k) = 2^n h = k + h$$

Como $\sigma(k)$ é, por definição, a soma de seus divisores e pelo menos 1 e k dividem k, temos $h = 1$. Dessa forma, $k = 2^n - 1$ é primo, pois tem apenas 1 e ele próprio como divisores. Além disso:

$$a = 2^{n-1}k = 2^{n-1}(2^n - 1)$$

■

Apesar da caracterização dos números perfeitos pares, ainda não demonstramos como encontrar um número primo da forma $2^n - 1$. Utilizando testes para valores pequenos de n, poderíamos conjecturar que basta tomar n primo para que $2^n - 1$ seja primo, sendo tal uma afirmação falsa. De fato, $2^{11} - 1 = 2\,047 = 23 \cdot 89$. Por outro lado, podemos provar a recíproca do resultado, isto é, se $2^n - 1$ é um número primo, então n é primo. Evidenciaremos essa propriedade no próximo teorema.

Teorema 4.15

Dado $n \in \mathbb{N}$, se $2^n - 1$ é primo, então n é primo.

Demonstração:

Para demonstrar esse resultado, utilizaremos a seguinte fatoração, válida para todos $x \in \mathbb{R}$ e $\alpha \in \mathbb{N}^*$:

$$x^\alpha - 1 = (x - 1)(1 + x + x^2 + \ldots + x^{\alpha-1})$$

A demonstração será feita por contrarrecíproca, isto é, assumiremos que n é composto, provando que $2^n - 1$ é composto. Supomos que $n = rs$ para certos $r, s > 1$. Assim:

$$2^n - 1 = 2^{rs} - 1$$
$$= (2^s)^r - 1$$

$$= (2^s - 1)(1 + 2^s + 2^{2s} + \ldots + 2^{(r-1)s})$$

Portanto, $2^n - 1$ é composto.

∙∙ ■

Após o resultado anterior, uma questão natural é encontrar um primo n tal que $2^n - 1$ seja primo. A primeira pessoa que investigou essa questão foi o francês Marin Mersenne, no século XVII. Por isso, os números na forma $2^n - 1$, com n primo, são denominados *números de Mersenne* e denotados por M_n.

O próximo resultado traz uma condição necessária e suficiente para que um número de Mersenne seja primo. Esse resultado não será demonstrado, pois as ferramentas utilizadas não integram o escopo da presente obra.

Teorema 4.16
Consideramos a seguinte sequência:

$$u_1 = 4, u_2 = 4^2 - 2 = 14, u_3 = 14^2 - 2 = 194, \ldots u_n - u_{n-1}^2 - 2, \ldots$$

Assim, para $n > 2$ primo, M_n é primo se, e somente se, $M_p | u_{p-1}$.

∙∙ ■

O resultado a seguir também auxilia na determinação de primos de Mersenne.

Teorema 4.17
Considerando n um primo ímpar, temos que qualquer divisor de $M_n = 2^n - 1$ é da forma $2kn + 1$, em que k é um inteiro positivo.

∙∙ ■

Exemplo 4.6
Sendo $n = 13$, para verificar se $M_{13} = 2^{13} - 1 = 8\,191$ é primo, basta testar se M_{13} é divisível pelos primos menores ou iguais a $\sqrt{8\,191} \approx 90\,504$ da forma $26k + 1$. Os únicos primos que verificam essas condições são 53 e 79, e nenhum deles divide 8 191. Portanto, M_{13} é primo.

A partir de M_{521}, todos os primos de Mersenne foram descobertos com o uso de computadores. A seguir, apresentamos uma lista com os maiores primos de Mersenne descobertos até hoje.

Tabela 4.1 – Maiores números de Mersenne já descobertos

#	n	M_n	Data de descobrimento	Descobridor
37	3 021 377	127 411 683 ... 024 694 271	27/01/1998	GIMPS/Roland Clarkson
38	6 972 593	437 075 744 ... 924 193 791	01/06/1999	GIMPS/Nayan Hajratwala
39	13 466 917	924 947 738 ... 256 259 071	14/11/2001	GIMPS/Michael Cameron
40	20 996 011	125 976 895 ... 855 682 047	17/11/2003	GIMPS/Michael Shafer
41	24 036 583	299 410 429 ... 733 969 407	15/05/2004	GIMPS/Josh Findley
42*	25 964 951	122 164 630 ... 577 077 247	18/02/2005	GIMPS/Martin Nowak
43*	30 402 457	315 416 475 ... 652 943 871	15/12/2005	GIMPS/Curtis Cooper & Steven Boone
44*	32 582 657	124 575 026 ... 053 967 871	04/09/2006	GIMPS/Curtis Cooper & Steven Boone
45*	37 156 667	202 254 406 ... 308 220 927	06/09/2008	GIMPS/Hans-Michael Elvenich
46*	42 643 801	169 873 516 ... 562 314 751	12/04/2009	GIMPS/Odd M. Strindmo
47*	43 112 609	316 470 269 ... 697 152 511	23/08/2008	GIMPS/Edson Smith
48*	57 885 161	581 887 266 ... 724 285 951	25/01/2013	GIMPS/Curtis Cooper
49*	74 207 281	300 376 418 084 ... 391 086 436 351	07/01/2016	GIMPS/Curtis Cooper
50*	77 232 917	467 333 183 359 ... 069 762 179 071	26/12/2017	GIMPS/Jonathan Pace

A Tabela 4.1 não é discretamente exaustiva em todo o intervalo apresentado. Sabe-se, com base em critérios algoritmos, que todos os primos de Mersenne entre M_2 e $M_{24\,036\,583}$ estão devidamente listados. Porém, não há certeza da inexistência de outros primos de Mersenne entre $M_{25\,964\,951}$ e $M_{77\,232\,917}$.

Assim como os números da forma $2^n - 1$, os números primos da forma $2^n + 1$ são amplamente estudados e denominados *primos de Fermat*. É possível provar que, se um número $2^n + 1$ é primo, então n é uma potência de 2, tendo, portanto, a forma $2^{2^k} + 1$. O resultado recíproco já não é válido. Por exemplo, os números da forma $2^n + 1$ são primos para $n = 1$, $n = 2$, $n = 4$, $n = 8$ e $n = 16$, porém para $n = 32$, $2^n + 1$ não é primo. Não se conhecem números primos de Fermat além dos cinco números ora citados.

4.4 Recorrência e números de Fibonacci

Nesta seção, faremos uma breve abordagem acerca da recorrência de sequências para, mais adiante, analisar um caso particular de sequências dadas por recorrência: a sequência dos números de Fibonacci.

Relação de recorrência é uma técnica matemática que permite definir sequências, conjuntos, operações ou algoritmos por intermédio de uma regra e calcular qualquer termo em função dos antecessores. Nosso objeto de estudo será a construção de sequências utilizando relações de recorrência. Vejamos, a seguir, um exemplo de sequência gerada por recorrência.

Exemplo 4.7

Considere a sequência dada por $x_1 = 2$, $x_n = 2x_{n-1}$. Dessa forma, $x_2 = 2x_1 = 2 \cdot 2 = 4$, $x_3 = 2x_2 = 2 \cdot 4 = 8$, e assim por diante.

O exemplo anterior ilustra uma progressão geométrica. No geral, as progressões algébricas e geométricas são exemplos de recorrências. É possível definir uma recorrência na qual os elementos da sequência dependam estritamente do último termo da sequência, assim como de uma quantidade arbitrária de elementos anteriores.

Exemplo 4.8

Considere a sequência $x_1 = 1$, $x_2 = 3$, $x_3 = 5$ e, em geral:

$$x_n = x_{n-1}^2 + 3x_{n-2} - x_{n-3}, \ n \geq 4$$

Dessa forma, $x_4 = x_3^2 + 3x_2 - x_1 = 25 + 9 - 1 = 33$, $x_5 = x_4^2 + 3x_3 - x_2 = 1101$, e assim por diante.

Para a recorrência estar bem definida, é necessário estabelecer as condições iniciais, assim como a lei que define a recorrência.

Uma famosa sequência gerada por meio de recorrência é a sequência de Fibonacci, na qual os dois primeiros elementos são 1 e 1, respectivamente, e os demais são definidos como a soma dos dois anteriores. Matematicamente, podemos descrever essa sequência como:

$$F_1 = 1, F_2 = 1, F_{n+1} = F_n + F_{n-1}, n > 2$$

Essa sequência é atribuída ao matemático italiano Leonardo de Pisa, mais conhecido como Fibonacci, que significa *filho do Bonacci*. Fibonnaci descreveu sua sequência pela primeira vez em seu livro *Liber Abaci*, em 1202, a fim de modelar um problema relacionado ao crescimento de uma população de coelhos. O problema era o seguinte:

Conjecture uma fazenda na qual são criados coelhos.

I. No primeiro mês, há apenas um casal de coelhos.
II. Casais amadurecem sexualmente (e reproduzem-se) apenas após o segundo mês de vida.
III. Todos os meses, cada casal fértil gera um novo casal.
IV. Os coelhos nunca morrem.

Podemos visualizar a evolução populacional dos coelhos na imagem a seguir:

Figura 4.1 – Evolução populacional de coelhos de acordo com a sequência de Fibonacci

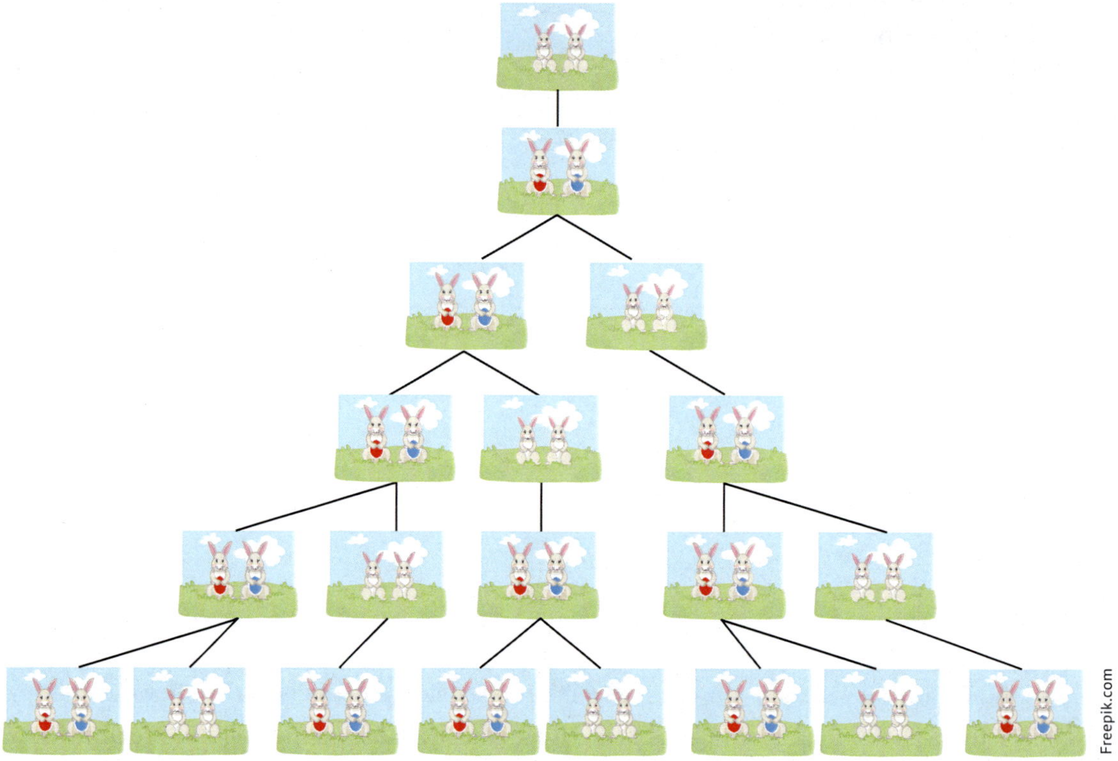

Dessa forma, os números de Fibonacci representam o número de casais de coelhos.

Atualmente, por convenção, considera-se o primeiro termo da sequência de Fibonnaci o zero, definindo-a, portanto, como:

$$F_0 = 0, F_1 = 1, F_{n+1} = F_n + F_{n-1}, n > 1$$

Assim, podemos expor os primeiros números da sequência de Fibonacci, dados por:

0, 1, 1, 2, 3, 5, 8, 13, 21, 34, 55, 89, 144, 233, 377, 610, 987, 1 597, 2 584, ...

A sequência de Fibonacci tem aplicações na análise de mercados financeiros, na biologia, na ciência da computação e na teoria dos jogos. A seguir, verificaremos algumas propriedades dessa sequência.

Teorema 4.18

A sequência de Fibonacci cumpre:

$$S_n = F_1 + F_2 + F_3 + \ldots + F_n = F_{n+2} - 1$$

Demonstração:

Note que $F_{k+2} = F_k + F_{k+1}$. Portanto, $F_k = F_{k+2} - F_{k+1}$. Substituiremos essa expressão em S_n, obtendo:

$$S_n = F_1 + F_2 + F_3 + \ldots + F_n =$$
$$= (F_3 - F_2) + (F_4 - F_3) + (F_5 - F_4) + \ldots + (F_{n+2} - F_{n+1})$$
$$= (F_3 - 1) + (F_4 - F_3) + (F_5 - F_4) + \ldots + (F_{n+2} - F_{n+1})$$
$$= F_{n+2} - 1$$

Note que a última passagem decorre do cancelamento dos termos, restando apenas os termos extremos.

∎

No último resultado, e a soma dos n primeiros termos (não triviais) de Fibonacci não formam um número de Fibonacci. Apesar disso, o próximo teorema traz um resultado um pouco mais sutil, como explicitaremos a seguir.

Teorema 4.19

A sequência de Fibonacci cumpre:

$$F_1 + F_3 + F_5 + \ldots + F_{2n-1} = F_{2n}$$

Demonstração:

Provaremos o resultado enunciado por indução em n.

Para n = 1, temos trivialmente que $F_1 = 1 = F_2$.

Supomos válida $F_1 + F_3 + F_5 + \ldots + F_{2n-1} = F_{2n}$ para n arbitrariamente fixado para provar que:

$$F_1 + F_3 + F_5 + \ldots + F_{2n-1} + F_{2n+1} = F_{2(n+1)}$$

Note que, somando em ambos os lados da equação já válida o termo $F_{2(n+1)}$, temos:

$$F_1 + F_3 + F_5 + \ldots + F_{2n-1} + F_{2n+1} = F_{2n} + F_{2n+1} =$$
$$= F_{2n+2}$$
$$= F_{2(n+1)}$$

∎

O desenvolvimento natural da teoria seria verificar se a soma dos primeiros números de Fibonacci nas posições pares formam um número de Fibonacci. A afirmação não é verdadeira, porém, podemos apresentar uma fórmula fechada para essa soma, como demonstraremos a seguir.

Teorema 4.20

Para todo n ∈ ℕ*, temos:

$$F_2 + F_4 + F_6 + \ldots + F_{2n} = F_{2n+1} - 1$$

Demonstração:

Provaremos a afirmação por indução. Para n = 1, $F_2 = 1 = 2 - 1 = F_3 - 1$. Supomos que, para *n* fixo:

$$F_2 + F_4 + F_6 + \ldots + F_{2n} = F_{2n+1} - 1$$

Portanto, somando F_{2n+2} em ambos os lado, temos:

$$F_2 + F_4 + F_6 + \ldots + F_{2n} = F_{2+2} = F_{2n+1} + F_{2n+2} - 1$$

$$= F_{2n+3} - 1$$

$$= F_{2(n+1)+1} - 1$$

∎

Teorema 4.21

Números de Fibonacci consecutivos são relativamente primos, isto é, mdc(F_n, F_{n-1}) = 1 para todo n ≥ 2.

Demonstração:

Para n = 2, o resultado é trivialmente satisfeito. Agora, para n ≥ 3, o resultado será feito por redução ao absurdo. Supomos que, para algum n ≥ 3, mdc(F_n, F_{n-1}) = d > 1 e, sem perda de generalidade, que este *n* seja o primeiro a cumprir tal fato. Nesse caso, d|F_n e d|F_{n-1} e, como $F_{n-2} = F_n + F_{n-1}$, segue que d|F_{n-2}, contradizendo a hipótese.

∎

Note que $F_3 = 2$, $F_5 = 5$, $F_7 = 13$ e $F_{11} = 89$ são primos. Isso pode conduzir a acreditar que, para *n* primo, F_n é primo. Porém, essa afirmação não é verdadeira. Vejamos, a seguir, um contraexemplo.

Contraexemplo 1

Temos que 19 é primo, porém $F_{19} = 4\,181 = 37 \cdot 113$ é um número composto.

A determinação dos números de Fibonacci primos ainda é um problema em aberto e não sabemos se os números de Fibonacci primos formam um conjunto finito ou infinito.

Note que é possível, para cada n ≥ 2, expressar a sequência de Fibonacci por meio da expressão matricial:

$$\begin{bmatrix} F_{n+1} \\ F_n \end{bmatrix} = \begin{bmatrix} 1 & 1 \\ 1 & 0 \end{bmatrix} \begin{bmatrix} F_n \\ F_{n-1} \end{bmatrix}$$

Dessa formulação, é possível extrair um resultado interessante, associado às potências da matriz $\begin{bmatrix} 1 & 1 \\ 1 & 0 \end{bmatrix}$ com os números de Fibonacci, como apresentaremos a seguir.

Teorema 4.22

Para n ≥ 1, temos:

$$\begin{bmatrix} 1 & 1 \\ 1 & 0 \end{bmatrix}^n = \begin{bmatrix} F_{n+1} & F_n \\ F_n & F_{n-1} \end{bmatrix}$$

Demonstração:

A demonstração será feita por indução.

Para n = 1, a igualdade é trivialmente verificada. Supomos a fórmula válida para um *n* fixo. Portanto, para n + 1, temos:

$$\begin{bmatrix} 1 & 1 \\ 1 & 0 \end{bmatrix}^{n+1} = \begin{bmatrix} 1 & 1 \\ 1 & 0 \end{bmatrix}^n \begin{bmatrix} 1 & 1 \\ 1 & 0 \end{bmatrix}$$

$$= \begin{bmatrix} F_{n+1} & F_n \\ F_n & F_{n-1} \end{bmatrix} \begin{bmatrix} 1 & 1 \\ 1 & 0 \end{bmatrix}$$

$$= \begin{bmatrix} F_{n+1} + F_n & F_{n+1} \\ F_n + F_{n-1} & F_n \end{bmatrix}$$

$$= \begin{bmatrix} F_{n+2} & F_{n+1} \\ F_{n+1} & F_n \end{bmatrix}$$

∎

A igualdade estabelecida nesse teorema facilita a demonstração de alguns resultados. Vejamos, a seguir, a identidade de Cassini, decorrendo diretamente do teorema 4.22.

Corolário 4.5

Para n ≥ 1, temos:

$$F_{n+1} \cdot F_{n-1} - F_n^2 = (-1)^n$$

Demonstração:

Do teorema anterior, obtemos:

$$\det \begin{bmatrix} 1 & 1 \\ 1 & 0 \end{bmatrix}^n = \det \begin{bmatrix} F_{n+1} & F_n \\ F_n & F_{n-1} \end{bmatrix}$$

Portanto, $(-1)^n = F_{n+1} \cdot F_{n-1} - F_n^2$, provando o pretendido. ∎

O próximo teorema estabelece uma igualdade que auxilia no cálculo dos números de Fibonacci.

Teorema 4.23
A sequência de Fibonacci cumpre, para todos m, n ∈ ℕ*:

$$F_{m+n} = F_{m-1}F_n + F_m F_{n+1}$$

Demonstração:
A demonstração será feita por indução forte em *n*, considerando *m* fixo.
Assim, sendo m ≥ 1 fixado arbitrariamente, para n = 1, temos:

$$F_{m+1} = F_{m-1}F_1 + F_m F_2 = F_{m-1} + F_m$$

Essa relação é válida pela lei de definição da sequência de Fibonacci.
Supomos a igualdade válida para 1, 2, ..., n e para provar que é válida para n + 1. Assim:

$$F_{m+(n+1)} = F_{m+n} + F_{m+n-1}$$
$$= F_{m-1}F_n + F_m F_{n+1} + F_{m-1}F_{n-1} + F_m F_n$$
$$= F_{m-1}(F_n + F_{n-1}) + F_m(F_{n+1} + F_n)$$
$$= F_{m-1}F_{n+1} + F_m F_{n+2}$$

∎

Exemplo 4.9
Temos que $F_{10} = F_{5+5} = F_4 F_5 + F_5 F_6 = 3 \cdot 5 + 5 \cdot 8 = 55$.

Os próximos resultados relacionam os termos da sequência de Fibonacci às propriedades de divisibilidade.

Teorema 4.24
Para m, n ∈ ℕ*, F_{mn} é divisível por F_m.

Demonstração:
A demonstração será feita por indução forte em *n*, considerando *m* fixo.
Para n = 1, o resultado é trivial, pois $F_m | F_m$. Supomos o resultado válido para 1, 2, 3, ..., n, isto é, $F_m | F_{mk}$, 1 ≤ k ≤ n, para provar que $F_m | F_{m(n+1)}$. Pelo teorema 4.23, temos:

$$F_{m(n+1)} = F_{mn+m}$$

$$= F_{mn-1}F_m + F_{mn}F_{m+1}$$

O membro direito da última igualdade, então, é divisível por F_m, já que é uma combinação linear de F_m e F_{mn}, que são divisíveis por F_m.

∎

Teorema 4.25

Dados $m, n \in \mathbb{N}^*$, com $m \geq n$ e $m = qn + r$, $0 \leq r < n$, temos:

$$\text{mdc}(F_m, F_n) = \text{mdc}(F_r, F_n)$$

Demonstração:

Utilizando o teorema 4.23, temos:

$$\text{mdc}(F_m, F_n) = \text{mdc}(F_{qn+r}, F_n)$$
$$= \text{mdc}(F_{qn-1}F_r + F_{qn}F_{r+1}, F_n)$$

Note que $F_n | F_{qn}$, portanto $\text{mdc}(F_{qn-1}F_r + F_{qn}F_{r+1}, F_n) = \text{mdc}(F_{qn-1}F_r, F_n)$. Agora, nosso objetivo é provar que $\text{mdc}(F_{qn-1}F_r, F_n) = \text{mdc}(F_r, F_n)$, completando a demonstração. De fato, seja $d = \text{mdc}(F_{qn-1}F_r, F_n)$, portanto $d|F_n$. Como $F_n | F_{qn}$, então $d|F_{qn}$. Ainda pela definição de d, $d|F_{qn-1}F_r$. Como F_{qn} e F_{qn-1} são relativamente primos, então $d|F_r$. Tomemos d' tal que $d'|F_r$ e $d'|F_n$. Logo, $d'|F_{qn-1}F_r$. Pela definição de d, temos que $d'|d$, implicando $d = \text{mdc}(F_r, F_n)$, como pretendemos demonstrar.

∎

Agora, dispomos de ferramentas suficientes para demonstrar que o máximo divisor comum entre dois números de Fibonacci é um número de Fibonacci.

Teorema 4.26

Para $m, n \in \mathbb{N}^*$, temos que $\text{mdc}(F_m, F_n) = F_{\text{mdc}(m, n)}$.

Demonstração:

Sem perda de generalidade, supomos que $m \geq n$. Pelo algoritmo de Euclides, temos:

$$m = nq_1 + r_1 \qquad 0 \leq r_1 < n$$
$$n = r_1q_2 + r_2 \qquad 0 \leq r_2 < r_1$$
$$r_1 = r_2q_3 + r_3 \qquad 0 \leq r_3 < r_2$$
$$\vdots$$
$$r_{k-2} = r_{k-1}q_k + r_k \qquad 0 \leq r_k < r_{k-1}$$

$$r_{k-1} = r_k q_{k+1}$$

Portanto, pelo teorema 4.25, temos:

$$mdc(F_m, F_n) = mdc(F_n, F_{r_1}) = mdc(F_{r_1}, F_{r_2}) = \ldots = mdc(F_{r_{k-1}}, F_{r_k})$$

Como $r_{k-1} | r_k$, segue do teorema 4.24, temos que $F_{r_{k-1}} | F_{r_k}$, portanto $mdc(F_m, F_n) = F_{r_k}$. Do algoritmo de Euclides, $mdc(m, n) = r_k$, de forma que $mdc(F_m, F_n) = F_{mdc(m, n)}$, completando a demonstração.

∎

Agora, estabeleceremos algumas relações entre a sequência de Fibonacci e as raízes da equação:

$$x^2 = x + 1$$

Essa equação é denominada *equação áurea*, e suas raízes são dadas por:

$$\phi = \frac{1 + \sqrt{5}}{2} \approx 1{,}6180339887\ldots \qquad \psi = \frac{1 - \sqrt{5}}{2} \approx -0{,}6180339887\ldots$$

O próximo resultado é denominado *fórmula de Binet*, em homenagem ao matemático francês Jacques Binet (1786-1856), que a descobriu em 1843. Esse resultado apresenta uma fórmula fechada, e não mais recursiva, dos números de Fibonacci, a depender das raízes da equação áurea.

Teorema 4.27 (fórmula de Binet)

Para todo $n \in \mathbb{N}^*$, temos:

$$F_n = \frac{\phi^n - \psi^n}{\phi - \psi}$$

Demonstração:

Provaremos por indução que, para todo $n \geq 1$, temos:

$$\phi^n = F_n \phi + F_{n-1}$$

Para $n = 1$, o resultado é trivial. Assumimos, então, que, para certo $k \geq 1$:

$$\phi^k = F_k \phi + F_{k-1}$$

Portanto, temos:

$$\phi^{k+1} = F_k \phi^2 + F_{k-1} \phi$$

Note que ϕ é raiz da equação áurea, de modo que:

$$\phi^2 = \phi + 1$$

Substituindo na equação anterior, temos:

$$\phi^{k+1} = F_k(\phi + 1) + F_{k-1}\phi$$
$$= (F_k + F_{k-1})\phi + F_k$$
$$= F_{k+1}\phi + F_k$$

Provamos, portanto, a igualdade pretendida.

De maneira análoga, provaremos por indução, que:

$$\psi^n = F_n\psi + F_{n-1}$$

Subtraindo essas igualdades, obtemos:

$$\phi^n - \psi^n = (F_n\phi + F_{n-1}) - (F_n\psi + F_{n-1})$$
$$= F_n(\phi - \psi)$$

Logo:

$$F_n = \frac{\phi^n - \psi^n}{\phi - \psi}$$

∎

O número ϕ é denominado *número de ouro*. Com ele, é possível provar que a sequência de Fibonacci respeita a proporção áurea, isto é:

$$\phi = \lim_{n \to \infty} \frac{F_{n+1}}{F_n}$$

A demonstração desse fato não será exposta neste livro, pois utiliza ferramentas não abordadas.

Síntese

Neste capítulo, analisamos as funções aritméticas, destacando as funções multiplicativas, como a de Möbius e a de Euler. Apresentamos algumas propriedades da função de Euler para determinar seus valores no conjunto dos naturais positivos. Abordamos os números perfeitos e os números de Mersenne, bem como suas caracterizações e condições de existência. Por fim, analisamos a sequência de Fibonacci, que é gerada por recorrência e apresenta diversas aplicações.

Exercício resolvido

Prove que, na sequência de Fibonacci, todos os elementos da forma F_{3k}, com $k \in \mathbb{N}^*$, são pares.

Resolução

Note que, para $n \in \mathbb{N}$ qualquer:

$$F_{n+3} = F_{n+2} + F_{n+1} = F_{n+1} + F_n + F_{n+1}$$

Portanto, $F_{n+3} - F_n = 2F_{n+1}$, implicando $F_{n+3} \equiv F_n \pmod{2}$. Logo, como $F_3 = 2$ é par, então, para $k \in \mathbb{N}$, temos:

$$F_{3k} \equiv F_{3k-3} \equiv \ldots F_3 \pmod{2}$$

Logo, F_{3k} é par.

Atividades de autoavaliação

1) Indique se as afirmações a seguir são verdadeiras (V) ou falsas (F).

( ) Sendo n > 1 um inteiro qualquer, existem infinitos números com exatamente *n* divisores.
( ) O produto de funções multiplicativas é uma função multiplicativa.
( ) $\mu(14) = 1$, $\mu(27) = 0$ e $\mu(30) = -1$.
( ) A função de Möbius cumpre $\mu(a + b) = \mu(a) + \mu(b)$ para todos $a, b \in \mathbb{N}^*$.

Agora, assinale a alternativa que corresponde à sequência obtida:

a. V, V, V, V.
b. V, V, V, F.
c. V, F, V, F.
d. F, V, V, F.
e. V, F, V, V.

2) Sobre a função de Euler, indique se as afirmações a seguir são verdadeiras (V) ou falsas (F).

( ) Para todo $n \in \mathbb{N}^*$, $\varphi(n^2) = n\varphi(n)$.
( ) Se *n* é múltiplo de 3, então $\varphi(3n) = 3\varphi(n)$.
( ) $\varphi(n)$ é ímpar para todo $n \in \mathbb{N}^*$ múltiplo de 3.
( ) $\varphi(27) = \varphi(3) \cdot \varphi(3) \cdot \varphi(3) = 8$.

Agora, assinale a alternativa que corresponde à sequência obtida:

a. V, F, F, F.
b. V, V, F, V.
c. V, V, F, F.
d. F, V, F, V.
e. V, V, V, F.

3) Sobre os números perfeitos, indique se as afirmações a seguir são verdadeiras (V) ou falsas (F).
   ( ) É possível que haja n ∈ ℕ* ímpar tal que σ(n) = 2n.
   ( ) Existe n ∈ ℕ* tal que M_{2n} é primo.
   ( ) Qualquer número perfeito par é da forma $2^{n-1}(2^n - 1)$, em que n ∈ ℕ e $2^n - 1$ é primo.
   ( ) A cardinalidade do conjunto dos números perfeitos pares é igual à cardinalidade dos primos de Mersenne.

   Agora, assinale a alternativa que corresponde à sequência obtida:
   a. V, F, V, F.
   b. F, V, F, V.
   c. V, V, F, F.
   d. F, F, V, V.
   e. V, F, V, V.

4) Indique se as afirmações a seguir são verdadeiras (V) ou falsas (F).
   ( ) A sequência $x_n = 3n + 6$, n ∈ ℕ* é um exemplo de recorrência.
   ( ) A sequência $x_1 = 1$ e $x_{n+1} = 3x_n - 1$, n > 1, é crescente.
   ( ) A sequência $x_1 = 0$ e $x_{n+1} = x_n + x_{n-1}$, n > 1 está bem definida.
   ( ) Uma sequência $x_1 = 1$ e $x_{n+1} = ax_n + b$ é crescente se, e somente se, a > 0.

   Agora, assinale a alternativa que corresponde à sequência obtida:
   a. V, F, V, V.
   b. F, V, F, F.
   c. V, V, F, F.
   d. F, F, V, V.
   e. F, F, V, V.

5) A respeito dos números de Fibonacci, indique se as afirmações a seguir são verdadeiras (V) ou falsas (F).
   ( ) $F_1 + F_2 + F_3 + ... + F_7 + F_8 = F_{10} - 1$.
   ( ) A sequência de Fibonacci alterna seus termos entre ímpar, ímpar, par, par, ímpar, ímpar, par, par, ...
   ( ) A soma dos primeiros números de Fibonacci nas posições pares formam um número de Fibonacci.
   ( ) $F_{n+3} = 3F_{n+1} - F_{n-1}$, n ≥ 2.
   ( ) $4|F_n$ se, e somente se, $6|n$.

Agora, assinale a alternativa que corresponde à sequência obtida:
a. V, F, F, V, V.
b. F, F, F, V, V.
c. V, F, F, F, V.
d. V, F, F, V, F.
e. V, V, F, V, V.

Atividades de aprendizagem

Questões para reflexão

1) O teorema 4.2 garante que, dada uma função f(a) multiplicativa, também é multiplicativa a seguinte função:

$$F(a) = \sum_{d|a} f(d)$$

Dê um contraexemplo de que essa afirmação não é válida para funções totalmente multiplicativas, ou seja, encontre uma função f completamente multiplicativa tal que F(a) = $\sum_{d|a} f(d)$ não seja totalmente multiplicativa.

2) A sequência de Fibonacci foi introduzida por Fibonacci, em seu livro *Liber Abaci*, na tentativa de modelar o crescimento de uma população de coelhos. Recordemos das regras estabelecidas por Fibonacci em sua conjectura:
   I. No primeiro mês, há apenas um casal.
   II. Os casais amadurecem sexualmente (e se reproduzem) apenas após o segundo mês de vida.
   III. Todos os meses, cada casal fértil gera um novo casal.
   IV. Os coelhos nunca morrem.

   Dê argumentos que elucidem o fato de o número de coelhos no mês n ser modelado por F_n, em que:

   $$F_1 = 1, F_2 = 1, F_{n+1} = F_n + F_{n-1}, n \geq 3$$

3) Considere uma sequência que inicia no número 3 e cada um dos termos seguintes é obtido pela multiplicação do termo anterior por 2, ou seja, 3, 6, 12, 24, 48, ... Defina essa sequência recursivamente e calcule seu 20º termo.

4) Defina a função n! de maneira recursiva.

5) Considere a sequência definida por $a_0 = 3$, $a_n = a_{n-1} + n$ para todo $n \in \mathbb{N}$.
   a. Calcule os 5 primeiros termos da sequência.
   b. Prove que $a_n = \dfrac{n^2 + n + 6}{2}$.

Atividade aplicada: prática

1) Dê um exemplo de uma recorrência:
   a. crescente.
   b. decrescente.
   c. que cumpra $x_n > 0$ se n é par e $x_n < 0$ se n é ímpar.
   d. tal que o enésimo termo dependa apenas do anterior.
   e. tal que o enésimo termo dependa de todos os termos anteriores.

As raízes primitivas têm grandes aplicações na teoria de grupos e, também, na criptografia, a exemplo do protocolo Diffie-Hellman. Neste capítulo, definiremos, inicialmente, o conceito de ordem, suas propriedades e a determinação de sistemas reduzidos de resíduos utilizando esse conceito. Em seguida, abordaremos a concepção da raiz primitiva de um natural, apresentando propriedades deste tópico central do capítulo. Por fim, caracterizaremos todos os naturais que, vistos como módulos, têm raízes primitivas.

5

Raízes primitivas

5.1 Raízes primitivas: definição e exemplos

É válido aqui, recordar que, segundo o teorema de Euler, dados a, n $\in \mathbb{Z}$, com n positivo e mdc(a, n) = 1, temos que $a^{\phi(n)} \equiv 1 \pmod{n}$. Assim, existe inteiro k tal que $a^k \equiv 1 \pmod{n}$. Uma questão natural é saber se $\varphi(n)$ é o menor expoente que cumpre essa propriedade. Vejamos um exemplo que ilustra a possibilidade de um expoente ser menor que $\varphi(n)$, satisfazendo o proposto.

Exemplo 5.1

Temos que $\varphi(13) = 12$ e mdc(5,13) = 1. Assim, pelo teorema de Euler:

$$5^{12} \equiv 1 \pmod{13}$$

Por outro lado:

$5^1 = 5 \equiv 5 \pmod{13}$

$5^2 = 25 \equiv -1 \pmod{13}$

$5^3 = 125 \equiv 8 \pmod{13}$

$5^4 = 625 \equiv 1 \pmod{13}$

Portanto, o menor inteiro positivo cumprindo $5^k \equiv 1 \pmod{13}$ é dado por $k = 4$.

Formalizaremos o conceito desse menor expoente na definição a seguir.

Definição 5.1

Dados a, n $\in \mathbb{Z}$, com n > 0 e mdc(a, n) = 1, definimos a ordem de a módulo n e denotamos por $\text{ord}_n(a)$ como o menor inteiro positivo k tal que:

$$a^k \equiv 1 \pmod{n}$$

É imediato que $\text{ord}_n(a) \leq \varphi(n)$. No exemplo anterior, vimos que $\text{ord}_{13}(5) = 4$. Além disso, a ordem só está definida para inteiros relativamente primos, pois, no caso em que mdc(a, n) > 1, pelo teorema 3.5 a equação $ax \equiv 1 \pmod{n}$ não tem solução.

Exemplo 5.2

Para $a, n \in \mathbb{Z}$ com $n > 0$ e $mdc(a, n) = 1$, temos que $ord_n(a) = 1$ se, e somente se, $a \equiv 1 \pmod{n}$. Também é fácil mostrar que, para $n \geq 3$, $ord_n(n-1) = 2$, pois $n - 1 \equiv -1 \pmod{n}$.

Como verificamos, $\varphi(13) = 12$ e $ord_{13}(5) = 4$, e note que $4|12$. No próximo teorema, constataremos que isso não foi uma coincidência, de maneira que é possível estabelecer uma relação entre $\varphi(n)$ e os expoentes $k \in \mathbb{Z}$ tais que $a^k \equiv 1 \pmod{n}$.

Teorema 5.1

Sendo $a, n \in \mathbb{Z}$ com $n > 0$ e $mdc(a,n) = 1$, supomos que, para algum $k \in \mathbb{Z}$, $a^k \equiv 1 \pmod{n}$. Nessas condições, $ord_n(a)|k$ Em particular, $ord_n(a)| \varphi(n)$.

Demonstração:

Existem $q, r \in \mathbb{Z}$ tais que $k = q \cdot ord_n(a) + r$, com $0 \leq r < ord_n(a)$. Assim:

$$1 \equiv a^k = a^{q \cdot ord_n(a) + r} = (a^{ord_n(a)})^q \cdot a^r \equiv 1^q a^r \equiv a^r \pmod{n}$$

O caso $r > 0$ contradiz a definição de $ord_n(a)$, pois $r < ord_n(a)$. Logo, $r = 0$, atestando que $ord_n(a)|k$. ∎

Esse teorema restringe a busca da ordem de um inteiro módulo *n* apenas aos divisores de $\varphi(n)$. Dessa forma, na busca por $ord_{13}(5)$, basta avaliar 5^k para inteiros $k|\varphi(13)$, isto é, $k \in \{1, 2, 3, 4, 6\}$.

Teorema 5.2

Sendo $a, n \in \mathbb{Z}$ com $n > 0$ e $mdc(a,n) = 1$, e $i, j \in \mathbb{N}$, temos $a^i \equiv a^j \pmod{n}$ se, e somente se, $i \equiv j \pmod{ord_n(a)}$.

Demonstração:

Supomos que $a^i \equiv a^j \pmod{n}$ e, sem perda de generalidade, consideramos $i \geq j$. Assim, pelo corolário 3.4, $a^{i-j} \equiv 1 \pmod{n}$ e, pelo teorema 5.1, $ord_n(a) |i - j|$, isto é, $i \equiv j \pmod{ord_n(a)}$.

Por outro lado, supomos que $i \equiv j \pmod{ord_n(a)}$ e, sem perda de generalidade, que $i \geq j$. Assim, $i = j + k \cdot ord_n(a)$, de forma que:

$$a^i = a^{j + k \cdot ord_n(a)} = a^j \cdot \left(a^{ord_n(a)}\right)^k \equiv a^j \cdot 1^k \equiv a^j \pmod{n}$$

∎

Corolário 5.1

Dados inteiros a e n nas mesmas condições do teorema 5.2, os elementos do conjunto a seguir são incongruentes módulo n:

$$\{1, a, a^2, \ldots, a^{\text{ord}_n(a)-1}\}$$

Demonstração:

Se $a^i \equiv a^j \pmod{n}$, com $0 \leq i, j \leq \text{ord}_n(a) - 1$, do teorema 5.2, temos que $i \equiv j \pmod{\text{ord}_n(a)}$, o que implica que $i = j$.

■

Um caso particular do corolário 5.1 ocorre quando $\text{ord}_n(a) = \varphi(n)$. Do teorema 3.18, temos que $\{a, a^2, \ldots, a^{\varphi(n)}\}$ é um sistema reduzido de resíduos módulo n.

Exemplo 5.3

Considere $n = 7$ e $a = 5$. Como $\text{mdc}(7,5) = 1$, faz sentido procurarmos $\text{ord}_7(5)$. Como $\varphi(7) = 6$, $\text{ord}_7(5) \in \{1, 2, 3, 6\}$. De fato:

$5^1 = 5 \equiv 5 \pmod 7$

$5^2 = 25 \equiv 4 \pmod 7$

$5^3 = 125 \equiv 6 \pmod 7$

$5^6 = 15\,625 \equiv 1 \pmod 7$

Portanto, $\text{ord}_7(5) = 6 = \varphi(7)$. Então, $\{5, 5^2, 5^3, 5^4, 5^5, 5^6\}$ é um sistema reduzido de resíduos módulo 7.

Pelo que foi ora provado, é fácil obter um sistema reduzido de resíduos módulo n, desde que encontrado inteiro a relativamente primo a n, cumprindo $\text{ord}_n(a) = \varphi(n)$. A propriedade de $\text{ord}_n(a) = \varphi(n)$ será formalizada na próxima definição.

Definição 5.2

Dados $a, n \in \mathbb{Z}$ com $n > 0$ e $\text{mdc}(a,n) = 1$, se $\text{ord}_n(a) = \varphi(n)$, dizemos que a é uma raiz primitiva módulo n.

Exemplo 5.4

Fica a cargo do leitor provar a veracidade destas afirmações:

- 2 e 3 são raízes primitivas módulo 5.
- 2 e 5 são raízes primitivas módulo 9.
- Não há raiz primitiva módulo 8.

5.2 Propriedades das raízes primitivas

Nosso foco agora será discorrer acerca das propriedades das raízes primitivas, bem como de suas condições de existência.

Teorema 5.3

Considerando $a \in \mathbb{Z}$, $n \in \mathbb{N}^*$, com $\text{mdc}(a, n) = 1$ e $h \in \mathbb{N}^*$, temos:

$$\text{ord}_n(a^h) = \frac{\text{ord}_n(a)}{\text{mdc}(h, \text{ord}_n(a))}$$

Demonstração:

Para facilitar a notação, denotamos por $r = \text{ord}_n(a^h)$, $k = \text{ord}_n(a)$ e $d = \text{mdc}(h, k)$. Consideramos $h = \bar{h}d$ e $k = \bar{k}d$, em que $\text{mdc}(\bar{h}, \bar{k}) = 1$. Note que:

$$(a^h)^{\bar{k}} = (a^{\bar{h}d})^{\frac{k}{d}} = a^{\bar{h}k} = (a^k)^{\bar{h}} \equiv 1^{\bar{h}} = 1 \pmod{n}$$

Portanto, pelo teorema 5.1 temos $r = \text{ord}_n(a^h) | \bar{k}$, de forma que $r \leq \bar{k}$.

Por outro lado, pela definição de r, temos $(a^h)^r \equiv 1 \pmod{n}$, isto é, $a^{hr} \equiv 1 \pmod{n}$, implicando $k = \text{ord}_n(a) | hr$. Pela definição de k e h, temos $\bar{k}d | \bar{h}dr$, portanto $\bar{k} | \bar{h}r$. Como $\text{mdc}(\bar{h}, \bar{k}) = 1$, temos $\bar{k} | r$. Portanto, $\bar{k} \leq r$. Assim, $\bar{k} = r$, implicando:

$$\text{ord}_n(a^h) = r = \bar{k} = \frac{k}{d} = \frac{\text{ord}_n(a)}{\text{mdc}(h, \text{ord}_n(a))}$$

∎

Corolário 5.2

Considerando $a \in \mathbb{Z}$, $n \in \mathbb{N}^*$, com $\text{mdc}(a, n) = 1$ e $h \in \mathbb{N}^*$, temos que $\text{ord}_n(a^h) = \text{ord}_n(a)$ se, e somente se, $\text{mdc}(h, \text{ord}_n(a)) = 1$.

Demonstração:

Obtida diretamente do teorema 5.3.

∎

Corolário 5.3

Caso exista uma raiz primitiva a módulo n, então existem exatamente $\varphi(\varphi(n))$ raízes primitivas incongruentes módulo n.

Demonstração:

De $\text{ord}_n(a) = \varphi(n)$, temos que $\{a, a^2, \ldots, a^{\varphi(n)}\}$ é um sistema reduzido de resíduos módulo n, portanto são todos incongruentes entre si módulo n. Assim, para $h \in \{1, 2, \ldots, \varphi(n)\}$, a^h é raiz primitiva módulo n se, e somente se, $\text{ord}_n(a^h) = \text{ord}_n(a)$, que, pelo corolário 5.2 ocorre se, e somente se, $\text{mdc}(h, \varphi(n)) = \text{mdc}(h, \text{ord} n(a)) = 1$. Pela definição de φ, existem $\varphi(\varphi(n))$ possibilidades para h entre 1, 2, ..., $\varphi(n)$ de isso ocorrer, finalizando a demonstração. ■

Exemplo 5.4

Considere n = 22, do que $\varphi(22) = \varphi(2)\,\varphi(11) = 1 \cdot 10 = 10$. Os menores restos não negativos de 22, relativamente primos a tal, encontram-se na próxima tabela, junto às suas respectivas ordens.

a	1	3	5	7	9	13	15	17	19	21
$\text{ord}_n(a)$	1	5	5	10	5	10	5	10	10	2

Note que, assim como predito no teorema 5.1, $\text{ord}_n(a) \mid \varphi(22)$ para todo a em questão. Além disso, a tabela mostra que as raízes primitivas módulo 22 são 7, 13, 17 e 19. Dessa forma, $\{13, 13^2, 13^3, \ldots, 13^{10}\}$ é um sistema reduzido de resíduos módulo 22.

Pelo corolário 5.3, como $\varphi(\varphi(22) = \varphi(10)) = 4$, os números 13, 13^3, 13^7 e 13^9 são raízes primitivas módulo 22 incongruentes.

Teorema 5.4

Dados inteiros $k \geq 3$ e a ímpar, temos:

$$a^{2^{k-2}} \equiv 1 \pmod{2^k}$$

Demonstração:

A demonstração será feita por indução em k. Para $k = 3$ e a inteiro ímpar qualquer, temos que $a = 2\ell + 1$ para algum $\ell \in \mathbb{Z}$, de forma que:

$$a^2 = (2\ell + 1)^2 = 4\ell^2 + 4\ell + 1 = 4\ell(\ell + 1) + 1$$

Assim, se $\ell = 0$, temos $a \equiv 1 \pmod{8}$. Se $\ell \neq 0$ é par, $8 \mid 4\ell$, portanto $a \equiv 1 \pmod{8}$. Em último caso, se ℓ é ímpar, $8 \mid 4(\ell + 1)$, de forma que $a \equiv 1 \pmod{8}$.

Assumimos agora, que, para certo $k \geq 3$, $a^{2^{k-2}} \equiv 1 \pmod{2^k}$. Logo, $a^{2^{k-2}} = 1 + b \cdot 2^k$ para algum $b \in \mathbb{Z}$. Portanto:

$$a^{2^{k-1}} = a^{2^{k-2} \cdot 2} = (a^{2^{k-2}})^2$$

$$= (1 + b \cdot 2^k)^2 = 1 + b \cdot 2^{k+1} + b^2 \cdot 2^{2k}$$

$$= 1 + b(1 + b \cdot 2^{k-1})\, 2^{k+1} \equiv 1 \pmod{2^{k+1}}$$

∎

A fim de caracterizar os inteiros que têm raízes primitivas, o próximo teorema exclui uma vasta classe de inteiros dessa possibilidade, como evidenciaremos a seguir.

Teorema 5.5

Considerando $n \in \mathbb{N}$, temos que não existe raiz módulo n nos seguintes casos:

I. Se $n = rs$ para certos inteiros $r, s \geq 3$ e $\mathrm{mdc}(r, s) = 1$.

II. Se $n = 2^k$ para inteiro $k \geq 3$.

Demonstração:

(I) Dado $a \in \mathbb{Z}$ com $\mathrm{mdc}(a,n) = 1$, temos que $\mathrm{mdc}(a,r) = \mathrm{mdc}(a,s) = 1$. Como $r, s \geq 3$, do corolário 4.4, temos que $\varphi(n) \equiv \varphi(r) \equiv \varphi(s) \equiv 0 \pmod 2$. Assim, utilizando o fato de que φ é multiplicativa e aplicando o teorema de Euler, temos:

$$a^{\frac{\varphi(n)}{2}} = a^{\frac{\varphi(rs)}{2}} = a^{\frac{\varphi(r)\varphi(s)}{2}} = \begin{cases} \left(a^{\varphi(r)}\right)^{\frac{\varphi(s)}{2}} \equiv 1^{\frac{\varphi(s)}{2}} \equiv 1 \pmod r \\ \left(a^{\varphi(s)}\right)^{\frac{\varphi(r)}{2}} \equiv 1^{\frac{\varphi(r)}{2}} \equiv 1 \pmod s \end{cases}$$

Concluímos que $a^{\frac{\varphi(n)}{2}} \equiv 1 \pmod r$ e $a^{\frac{\varphi(n)}{2}} \equiv 1 \pmod s$. Como $\mathrm{mdc}(r,s) = 1$, temos $a^{\frac{\varphi(n)}{2}} \equiv 1 \pmod n$, portanto $\mathrm{ord}_n(a) \leq \frac{\varphi(n)}{2} < \varphi(n)$. Logo, a não é raiz primitiva módulo n e, pela arbitrariedade de a, segue que não existe raiz primitiva módulo n.

(II) Note que, para $n = 2^k$, $k \geq 3$ só faz sentido se buscarmos raízes primitivas módulo n para valores de $a \in \mathbb{Z}$ ímpar, caso contrário teríamos $\mathrm{mdc}(a, 2^k) \neq 1$. Pelo teorema 5.4, temos para qualquer a ímpar, temos:

$$a^{\frac{\varphi(2^k)}{2}} = a^{\frac{2^{k-1}}{2}} = a^{2^{k-2}} \equiv 1 \pmod{2^k}$$

Portanto, $\mathrm{ord}_{2^k}(a) \leq \frac{\varphi(2^k)}{2}$, atestando que não há raiz primitiva ímpar módulo 2^k para $k \geq 3$.

∎

Há uma forte restrição sobre $n \in \mathbb{N}$ para que haja raiz primitiva módulo n. De fato, os únicos casos que não estão contemplados no teorema 5.5 são os valores $n \in \{1, 2, 4, p^k, 2p^k\}$, com p primo ímpar e $k \in \mathbb{N}$. Nosso objetivo é demonstrar que, de fato, esses valores de n têm raízes primitivas.

Note que todo a ∈ ℤ é raiz primitiva módulo 1, pois $\varphi(1) = 1 = $ e $a^1 \equiv 1 \pmod 1$. Por outro lado, 1 é raiz primitiva módulo 2, pois $\varphi(2) = 1$ e $1^1 \equiv 1 \pmod 2$. Para o inteiro 4, note que $\varphi(4) = 2$ e:

$3^1 \equiv 3 \pmod 4$

$3^2 = 9 \equiv 1 \pmod 4$

Portanto, 3 é raiz primitiva módulo 4. Dessa forma, para caracterizar totalmente os inteiros com raiz primitiva, basta mostrar que existe raiz primitiva módulo p^k e $2p^k$ para todo p primo e $k \in \mathbb{N}$.

Os próximos resultados auxiliarão na demonstração da existência de raízes primitivas para um módulo primo.

Teorema 5.6

Dado $p \in \mathbb{Z}$ primo e $n \in \mathbb{N}$, a congruência $f(x)$ $a_0 + a_1 x + a_2 x^2 + \ldots + a_n x^n \equiv 0 \pmod p$ com $p \nmid a_n$ apresenta, no máximo, n soluções incongruentes módulo p.

Demonstração:

A demonstração será *por indução* em n. Para n = 0, como $p \nmid a_0$, é trivial que $a_0 \equiv 0 \pmod p$ não tem solução, isto é, possui zero soluções. Supomos que, para certo r arbitrariamente fixo, a congruência

$f(x) = a_0 + a_1 x + a_2 x^2 + \ldots + a_n x^n \equiv 0 \pmod p$

com $p \nmid a_n$ tem, no máximo n soluções incongruentes módulo p. Agora, consideremos a congruência

$g(x) = a_0 + a_1 x + a_2 x^2 + \ldots + a_n x^n + a_{n+1} x^{n+1} \equiv 0 \pmod p$,

com $p \nmid n_{a+1}$ e seja $b \in \mathbb{Z}$ uma solução de tal congruência, isto é, $g(b) \equiv 0 \pmod p$. Note que podemos reescrever

$g(x) \equiv (x - b) f(x) + x \pmod p$,

para certo polinômio $f(x)$ de grau no máximo n e uma constante $s \in \mathbb{Z}$.

Como:

$0 \equiv g(b) \equiv (b - b) f(b) + s \equiv s \pmod p$

Concluímos que $s \equiv 0 \pmod p$, de forma que:

$g(x) \equiv (x - b) f(x) \pmod p$

Agora, consideramos outra solução $c \in \mathbb{Z}$ de $g(x) \equiv 0 \pmod p$ incongruente a b módulo p, portanto $g(c) \equiv 0 \pmod p$. Logo, $(c - b) f(c) \equiv 0 \pmod p$. De $p \nmid (c - b)$, segue que $p | f(c)$, isto é, $f(c) \equiv 0 \pmod p$. Assim, fixada solução de $g(x) \equiv 0 \pmod p$, qualquer solução incongruente deve ser solução de f(x) ≡ 0 (mod p), que por hipótese tem no máximo n soluções, havendo, portanto, no máximo, n + 1 soluções para g(x) ≡ 0 (mod p), como pretendemos demonstrar. ∎

Teorema 5.7

Consideramos p um primo ímpar e um inteiro positivo d tal que d|(p − 1), existem exatamente $\varphi(d)$ inteiros incongruentes módulo p com ordem igual a d.

Demonstração:

Pelo teorema 4.12:

$$\sum_{d|(p-1)} \varphi(d) = p - 1$$

Consideramos as classes A_d para cada divisor d de p − 1, em que estão contidos os elementos a ∈ {1, 2, ..., p − 1} tal que $\text{ord}_p(a) = d$. Essas classes são disjuntas e sua união consiste no conjunto {1, 2 ...,p − 1}. Dessa forma, denotando por e(d) o número de elementos de A_d, temos:

$$\sum_{d|(p-1)} e(d) = p - 1$$

Portanto:

$$\sum_{d|(p-1)} \big(\varphi(d) - e(d)\big) = 0$$

Nosso objetivo é mostrar que e(d) = $\varphi(d)$ para todo divisor d de p − 1. Pela igualdade ora evidenciada, basta mostrar que e(d) ≤ $\varphi(d)$. Isso equivale a mostrar que, se e(d) ≠ 0, então e(d) = $\varphi(d)$. Dessa maneira, seja d divisor de p − 1, com e(d) ≠ 0, isto é, tal que A_d seja não vazio. Tomemos a ∈ A_d e, por definição $\text{ord}_p(a) = d$, portanto $a^d \equiv 1$ (mod p). Pelo corolário 5.3 e pelo teorema 3.18, a, a^2, ..., a^d são incongruentes módulo p. Por outro lado, todas essas potências de a são soluções de $x^d \equiv 1$ (mod p) ou, equivalentemente, $x^d - 1 \equiv 0$ (mod p), que pelo teorema 5.6 tem apenas d soluções incongruentes módulo p. Logo, os elementos de A_d são da forma a^r, com 1 ≤ r ≤ d. Além disso, o corolário 5.2 afirma que $\text{ord}_p(a^r) = \text{ord}_p(a) = d$ se, e somente se, mdc(r, d) = 1. Portanto, entre os elementos a, a^2, ... a^d existem exatamente $\varphi(d)$ com ordem igual a d (os elementos cuja potência seja relativamente prima a d, provando que g(d) = $\varphi(d)$, como queríamos demonstrar. ∎

Corolário 5.4
Se p ∈ ℤ é primo, então existe raiz primitiva módulo p.

Demonstração:

Como já demonstramos a existência a de raiz primitiva módulo 2, podemos supor que p seja um primo ímpar. Tomando d = φ(p) = p – 1 no teorema 5.5, temos que existem φ(φ(p)) = φ(p – 1) elementos com ordem φ(p), isto é, φ(p – 1) raízes primitivas módulo p incongruentes. ∎

Nosso próximo passo é demonstrar que os elementos da forma p^k, com p primo e k ∈ ℕ têm raiz primitiva, e os próximos resultados auxiliarão nessa demonstração.

Teorema 5.8
Dado *a* raiz primitiva módulo p, temos que a + p também é raiz primitiva módulo p.

Demonstração:

Nosso objetivo é demonstrar que $\text{ord}_p(a+p) = \varphi(p)$. A demonstração será realizada por redução ao absurdo. Suponhamos que existe natural n < φ(p) tal que $(a+p)^n \equiv 1 \pmod{p}$. Nesse caso:

$$a^n \equiv (a+p)^n \equiv 1 \pmod{p}$$

Assim, teríamos que *a* não seria raiz primitiva módulo p, contradizendo a hipótese. ∎

Teorema 5.9
Sendo p primo e *a* raiz primitiva módulo p, então, *a* ou a + p é raiz primitiva módulo p^2.

Demonstração:

Temos que $\text{ord}_p(a) = \text{ord}_p(a+p) = \varphi(p) = p-1$. Como $a^k \equiv 1 \pmod{p^2}$ implica $a^k \equiv 1 \pmod{p}$, temos que $\text{ord}_p(a) | \text{ord}_{p^2}(a)$, isto é, $p-1 | \text{ord}_{p^2}(a)$ Além disso, $\text{ord}_{p^2}(a) | \varphi(p^2) = p(p-1)$, portanto $\text{ord}_{p^2}(a) = p-1$ ou $\text{ord}_{p^2}(a) = p(p-1) = \varphi(p^2)$. Analogamente, $\text{ord}_{p^2}(a+p) = (p-1)$ ou $\text{ord}_{p^2}(a+p) = p(p-1) = \varphi(p^2)$. Dessa forma, basta provar que $\text{ord}_{p^2}(a) \neq p-1$ ou $\text{ord}_{p^2}(a+p) \neq (p-1)$. Se $\text{ord}_{p^2}(a) \neq p-1$, a demonstração termina aqui, pois *a* seria raiz primitiva módulo p^2. Supondo que $\text{ord}_{p^2}(a) = p-1$, de forma que $a^{p-1} \equiv 1 \pmod{p^2}$, então:

$$(a+p)^{p-1} = a^{p-1} + \binom{p-1}{1} a^{p-2} p + \sum_{k=2}^{p-1} a^{(p-1)-k} p^k \binom{p-1}{k}$$

$$= a^{p-1} + a^{p-2} p \equiv 1 + a^{p-2} \pmod{p^2}$$

Assim, $(a + p)^{p-1}$ não é congruente a 1 (mod p^2), pois mdc(a, p) = 1. Portanto, $p \nmid pa^{p-2}$. Dessa forma, $\text{ord}_{p^2}(a + p) \neq p(p - 1)$, atestando que $\text{ord}_{p^2}(a + p) = p(p - 1)$, de modo que $a + p$ é raiz primitiva módulo p^2.

∎

Provaremos, a seguir, a existência de raízes primitivas módulo p^k para todo $k \in \mathbb{N}$.

Teorema 5.10

Se p é primo e a raiz primitiva módulo p^2, então a é raiz primitiva módulo p^k para todo $k \in \mathbb{N}$.

Demonstração:

Tomaremos uma raiz primitiva módulo p^2, denotada por a, como construída no teorema anterior. Dessa forma, $a^{p-1} \equiv 1 \pmod{p}$, por ser raiz primitiva módulo p, mas $a^{p-1} \not\equiv 1 \pmod{p^2}$, pois a é raiz primitiva módulo p^2 e $p - 1 < p(p - 1) = \varphi(p^2)$. Procedendo de maneira análoga ao teorema 5.9, $a^{p-1} = 1 + b_1 p$, com $p \nmid b_1$. Provaremos que $a^{p^{k-1}(p-1)} = 1 + b_k p^k$, em que $p \nmid b_k$ e $k \geq 1$.

O caso $k = 1$ já está provado. Supondo que $a^{p^{k-1}(p-1)} = 1 + b_k p^k$, com $p \nmid b_k$, note que $\binom{p}{1} = p$. Assim, para algum $t \in \mathbb{Z}$:

$$a^{p^k(p-1)} = (1 + b_k p^k)^p = 1 + \binom{p}{1} b_k p^k + \binom{p}{2} b_k^2 p^{2k} + \ldots = 1 + p^{k+1}(b_k + pt)$$

Como $b_{k+1} + pt$, temos que $p \nmid b_{k+1}$, pois $p \nmid b_k$.

Agora, vamos demonstrar por indução que a é raiz primitiva módulo p^k para $k \geq 1$. Claramente, o resultado é válido para $k = 1$. Supomos que, para $k \geq 1$, a é raiz primitiva módulo p^k. Como $a^{\text{ord}_{p^{k+1}}(a)} \equiv 1 \pmod{p^{k+1}}$, resulta que $a^{\text{ord}_{p^{k+1}}(a)} \equiv 1 \pmod{p^k}$.

Logo:

$$p^{k-1}(p - 1) = \varphi(p^k) = \text{ord}_{p^k}(a) \big| \text{ord}_{p^{k+1}}(a) \big| \varphi(p^{k+1}) = p^k(p - 1)$$

Portanto, $\text{ord}_{p^{k+1}}(a) = p^{k-1}(p - 1)$ ou $\text{ord}_{p^{k+1}}(a) = p^k(p - 1) = \varphi(p^{k+1})$. Como provado anteriormente, $a^{p^{k-1}(p-1)} = 1 + b_k p^k$, em que $p \nmid b_k$. Portanto, $\text{ord}_{p^{k+1}}(a) \neq p^{k-1}(p - 1)$, atestando que $\text{ord}_{p^{k+1}}(a) \neq p^k(p - 1) = \varphi(p^{k+1})$, isto é, a é raiz primitiva módulo p^{k+1}. Assim, fica provado que a é raiz primitiva módulo p^k para todo $k \geq 1$.

∎

Agora, basta mostrar que há raízes primitivas para os números da forma $2p^k$, com p primo ímpar e $k \geq 1$. Tal demonstração exige um resultado auxiliar, a ser enunciado e evidenciado no próximo teorema.

Teorema 5.11

Dado primo ímpar p e a raiz primitiva módulo p^k para algum $k \geq 1$, temos que $a + p^k$ também é raiz primitiva módulo p^k.

Demonstração:

A demonstração seguirá o mesmo roteiro da prova do teorema 5.8. O objetivo é mostrar que $\text{ord}_{p^k}(a + p^k) = \varphi(p^k)$. Supomos por redução ao absurdo que existe $n < \varphi(p^k)$ tal que $(a + p^k)^n \equiv 1 \pmod{p^k}$. Assim, como $(a + p^k)^n \equiv a^n \pmod{p^k}$, temos que $a^n \equiv 1 \pmod{p^k}$, contradizendo que a é raiz primitiva módulo p^k. ∎

Agora, dispomos de condições para provar que os números da forma $2p^k$, com p primo e $k \in \mathbb{N}$ têm raízes primitivas, como enunciado no próximo teorema.

Teorema 5.12

Considerando p um primo ímpar e a raiz primitiva módulo p^k, então, a ou $a + p^k$ é raiz primitiva módulo $2p^k$.

Demonstração:

Como provado no teorema 5.11, a e $a + p^k$ são raízes primitivas módulo p^k. Uma dessas raízes é ímpar, a qual denotaremos por $\bar{a}$. Dessa forma, $\text{mdc}(\bar{a}, 2p^k) = 1$. O objetivo é mostrar que $\text{ord}_{2p^k}(\bar{a}) = \varphi(2p^k)$. Temos que $\bar{a}^{\text{ord}_{2p^k}(\bar{a})} \equiv 1 \pmod{2p^k}$ implica $\bar{a}^{\text{ord}_{2p^k}(\bar{a})} \equiv 1 \pmod{2p^k}$, portanto $\varphi(p^k) | \text{ord}_{2p^k}(\bar{a})$. Por outro lado, sendo φ multiplicativa, $\text{ord}_{2p^k}(\bar{a}) | \varphi(2p^k) = \varphi(2)\varphi(p^k) = \varphi(p^k)$, atestando a igualdade $\text{ord}_{2p^k}(\bar{a}) = \varphi(p^k) = \varphi(2p^k)$. Portanto, $\bar{a}$ é raiz primitiva módulo $2p^k$. ∎

Recapitulando, a caracterização dos módulos com existência de raízes primitivas está assegurada pelos teoremas 5.5, 5.9, 5.10 e 5.13 e pelo corolário 5.8. Fica provado que existe raiz primitiva módulo n se, e somente se, $n \in \{1, 2, 4, p^k, 2p^k\}$, com p primo ímpar e $k \in \mathbb{N}$.

Síntese

Neste capítulo, tratamos acerca das raízes primitivas. A princípio, apresentamos propriedades sobre a ordem de um inteiro módulo n, com n natural. Essas propriedades foram de grande importância para abordar as raízes primitivas e caracterizar todos os naturais que, vistos como módulos, têm raízes primitivas.

Atividades de autoavaliação

1) Indique se as afirmações a seguir são verdadeiras (V) ou falsas (F).

( ) Não existe $k \in \mathbb{N}$ tal que $3^k \equiv 1 \pmod 6$.
( ) Existe raiz primitiva módulo 8.
( ) 2 e 3 são raízes primitivas módulo 5.
( ) 7 é raiz primitiva módulo 12.

Agora, assinale a alternativa que corresponde à sequência obtida:

a. V, V, V, V.
b. V, V, V, F.
c. V, F, V, F.
d. F, V, V, F.
e. V, F, V, V.

2) Associe as colunas a seguir:

I. $\text{ord}_3(2)$ ( ) 5
II. $\text{ord}_5(3)$ ( ) 2
III. $\text{ord}_7(3)$ ( ) 10
IV. $\text{ord}_{22}(5)$ ( ) 6
V. $\text{ord}_{11}(7)$ ( ) 4

3) Associe as raízes primitivas aos respetivos módulos:

I. 2   ( ) (mod 7)
II. 3   ( ) (mod 3)
III. 3 e 5   ( ) (mod 9)
IV. 2 e 3   ( ) (mod 4)
V. 5   ( ) (mod 6)
VI. 2 e 5   ( ) (mod 5)

4) Indique se as afirmações a seguir são verdadeiras (V) ou falsas (F).
( ) Não existem raízes primitivas módulo 6.
( ) Se existe a ∈ ℤ com ordem m − 1 módulo *m*, então *m* é primo.
( ) 2 é raiz primitiva módulo 53.
( ) Não existe um sistema reduzido de resíduos módulo 14 formado por potências de 3.
( ) Em seguida, assinale a alternativa que corresponde à sequência obtida:
a. V, V, V, V.
b. V, V, V, F.
c. V, F, V, F.
d. F, V, V, F.
e. V, F, V, V.

5) Indique se as afirmações a seguir são verdadeiras (V) ou falsas (F).
( ) Dados a, p ∈ ℤ, *p* primo e n ∈ ℕ, se $a^p \equiv 1 \pmod{n}$, então $\text{ord}_n(a) = 1$ ou $\text{ord}_n(a) = p$.
( ) Se mdc(a, 8) = 1 e a < 8, então $a^2 \equiv 1 \pmod{8}$.
( ) Existe k ≥ 3 tal que existe raiz primitiva módulo 2^k.
( ) Existem 5 raízes primitivas módulo 11.

Agora, assinale a alternativa que corresponde à sequência obtida:
a. V, V, F, F.
b. V, V, V, F.
c. V, F, V, F.
d. F, V, V, F.
e. V, F, V, V.

Atividades de aprendizagem

Questões para reflexão

1) Encontre uma raiz primitiva dos inteiros 10, 18, 23, 41 e 49.

2) Sejam n ∈ ℕ e *a* e *b* inteiros tais que mdc(a, n) = mdc(b, n) = 1. Se $\text{mdc}(\text{ord}_n(a), \text{ord}_n(b)) = 1$, então $\text{ord}_n(ab) = \text{ord}_n(a) \cdot \text{ord}_n(b)$.

Atividade aplicada: prática

1) Com base na caracterização dos módulos que têm raízes primitivas, determine todos nessa condição que são menores ou iguais a 100.

Neste capítulo, abordaremos algumas aplicações teóricas e práticas da teoria dos números. Discorreremos sobre criptografia RSA, atualmente uma das mais usadas no mundo. Também analisaremos a definição e a forma de obtenção das ternas pitagóricas. Em seguida, aplicaremos conceitos de teoria dos números para examinar as expansões decimais dos racionais e o comprimento de dízimas periódicas. Por fim, abordaremos as equações de Pell, evidenciando a existência e a obtenção de suas soluções.

6

Aplicações da teoria dos números

6.1 Criptografia RSA

Criptografia (do grego *kryptós*, "escondido"; *gráphein*, "escrita") é o estudo de técnicas de controle e segurança de informação. O objetivo é transformar a mensagem, de modo que apenas o destinatário consiga decifrar o significado. É um ramo que ganha força à medida que a tecnologia avança. Entre as técnicas existentes, uma que se destaca por sua eficácia é a criptografia RSA, que deve seu nome a seus três desenvolvedores, os professores do Instituto de Tecnologia de Massachusetts Ronald Rivest, Adi Shamir e Leonard Adleman. Será muito interessante abordá-la, pois se baseia essencialmente em teoria dos números.

O método de criptografia RSA está contido na classe de algoritmos de chave pública. A cifragem e a decifragem dependem de duas chaves: uma pública, de livre acesso; e uma privada, que deve permanecer apenas com o receptor da mensagem. É possível dividir o RSA em geração de chaves, codificação e decodificação. A seguir, apresentaremos os passos a serem efetuados.

Geração das chaves

1. Escolha de forma aleatória dois números primos p e q.
2. Calcule $n = p \cdot q$.
3. Calcule a função de Euler $\varphi(n) = (p-1) \cdot (q-1)$.
4. Escolha um inteiro e tal que $1 < e < \varphi(n)$, de forma que e e $\varphi(n)$ sejam relativamente primos.
5. Calcule d de forma que $d \cdot e \equiv 1 \pmod{\varphi(n)}$.

Feito isso, a chave pública é definida pelo par (n, e), ao passo que a chave privada é dada por (n, d).

Cifragem

O método RSA codifica apenas números. Nesse caso, é possível associar a cada letra um número, como demonstrado na tabela a seguir.

Tabela 6.1 – Associação entre letras e números para codificação de mensagens

A	B	C	D	E	F	G	H	I	J	K	L	M
10	11	12	13	14	15	16	17	18	19	20	21	22
N	O	P	Q	R	S	T	U	V	W	X	Y	Z
23	24	25	26	27	28	29	30	31	32	33	34	35

Após isso, dada uma mensagem *m*, com $1 < m < n - 1$, codificamos a mensagem utilizando a chave pública (n, e), da forma $m^e \equiv c \pmod{n}$, obtendo a informação codificada *c*. Dessa forma, a mensagem já pode ser transmitida para o receptor, ainda que por um canal inseguro.

Decifragem

Para recuperar a mensagem *m* a partir de *c*, utiliza-se a chave privada (n, d), de modo que:

$$c^d \equiv m \pmod{n}$$

Exemplo 6.1

Nosso objetivo será enviar a palavra "NUMEROS" como mensagem codificada. Primeiramente, devemos converter a mensagem em números. Utilizando a Tabela 6.1, obtemos:

23 30 22 14 27 24 28

Dessa forma, escolhamos dois primos, por exemplo, $p = 11$ e $q = 13$. Neste caso, $n = p \cdot q = 143$ e $\varphi(n) = (p - 1) \cdot (q - 1) = 120$. Além disso, devemos escolher $1 < e < \varphi(n)$ relativamente primo a $\varphi(n)$. Em nosso caso, $e = 7$.

Podemos quebrar nossa mensagem em blocos de valor menor que 143, mas, neste exemplo, trataremos cada letra como um bloco. Assim:

$$c(23) \equiv 23^7 \equiv 23 \pmod{143}$$

Portanto, $c(23) = 23$. Procedendo analogamente, obtemos a mensagem codificada:

23 134 22 53 14 106 63

Para decodificar a mensagem, o receptor utiliza a chave privada, dada por (n, d), em que *d* é o inverso multiplicativo de *e* módulo $\varphi(n)$. Desde que $\varphi(n)$ e *e* sejam conhecidos, é fácil obter *d* utilizando o algoritmo de Euclides estendido, de forma que $120 = 7 \cdot 17 + 1$, portanto $1 = 120 - (-17) \cdot 7$. Assim, o inverso de 7 módulo 120 é -17, ou, no caso positivo, $d = 103$.

A segurança do método RSA está justamente em descobrir o valor de $\varphi(n)$ conhecendo apenas *n*. Isso equivale a descobrir a fatoração de *n* em primos, o que, para valores grandes de *n*, é inviável para um computador. Aconselha-se utilizar primos de, no mínimo, 1 024 algarismos. Estima-se que um computador levaria em média 15 anos para determinar a fatoração primária de *n*.

Para completar a discussão acerca do método RSA, devemos, ainda, demonstrar que $d(c(m)) \equiv m \pmod{n}$, isto é, que é possível obter a mesma mensagem após codificação e decodificação. Por definição:

$$d(c(m)) \equiv d(m^e) \equiv (m^e)^d = m^{e \cdot d} \pmod{n}$$

Por outro lado, d é o inverso de e módulo $\varphi(n)$, isto é, existe k tal que $e \cdot d = 1 + k\varphi(n)$. Logo:

$$d(c(m)) \equiv m^{1+k\varphi(n)} = (m^{\varphi(n)})^k \, m \pmod{n}$$

Assim, se $\mathrm{mdc}(m, n) = 1$, pelo teorema de Euler, $m^{\varphi(n)} \equiv 1 \pmod{n}$ Portanto:

$$d(c(m)) \equiv m \pmod{n}$$

Caso $\mathrm{mdc}(m, n) > 1$, note que $n = p \cdot q$ com p e q primos distintos. Assim, se $\mathrm{mdc}(m, p) = 1$, podemos utilizar o teorema de Fermat para concluir que $m^{(p-1)} \equiv 1 \pmod{p}$. Logo:

$$d(c(m)) \equiv m^{1+k\varphi(n)} = (m^{(p-1)})^{k(q-1)} \, m \equiv m \pmod{p}$$

Se $\mathrm{mdc}(m, p) > 1$, $p|m$, de igual forma:

$$d(c(m)) \equiv m^{e \cdot d} \equiv 0 \equiv m \pmod{p}$$

Realizando a mesma análise para q, concluímos que:

$$d(c(m)) \equiv m \pmod{q}$$

Portanto, $d(c(m)) \equiv \pmod{p \cdot q}$, isto é, $d(c(m)) \equiv m \pmod{n}$.

6.2 Ternas pitagóricas

Definição 6.1
Uma tripla a, b, c $\in \mathbb{N}$ é dita *terna pitagórica* se for possível verificar a igualdade:

$$a^2 + b^2 = c^2$$

Na literatura, esses números também são denominados *trio pitagórico, tripla pitagórica* ou *terno pitagórico*. Tais nomes derivam do teorema de Pitágoras, que associa o comprimento dos lados de um triângulo retângulo. Como demonstraremos no próximo teorema, se um triângulo retângulo é formado por lados de comprimento natural, esses comprimentos formam uma terna pitagórica.

Teorema 6.1
Dado um triângulo retângulo, de catetos (lados adjacentes ao ângulo reto) a e b e hipotenusa (lado oposto ao ângulo reto) c, temos:

$$a^2 + b^2 = c^2$$

Geometricamente, o teorema de Pitágoras diz que a soma das áreas dos quadrados cujos comprimentos são os catetos do triângulo é igual à área do quadrado cujo lado tem o comprimento da hipotenusa do triângulo, como podemos verificar na figura a seguir.

Figura 6.1 – Representação geométrica do teorema de Pitágoras

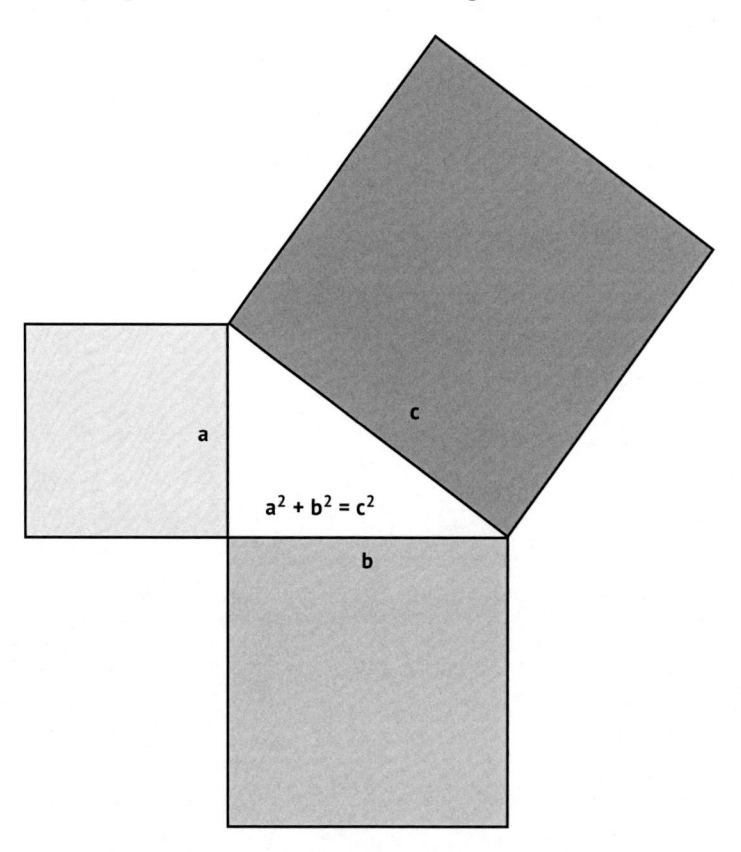

$$a^2 + b^2 = c^2$$

Alguns exemplos de ternas pitagóricas são 3, 4, 5, (5, 12, 13) e (10, 24, 26). A terna pitagórica (a, b, c) é primitiva se os naturais a, b e c são primos entre si. Alguns exemplos dessas ternas são (3, 4, 5), (5, 12, 13), (7, 24, 25), (8, 15, 17), e (9, 40, 41).

Apesar de terem sido formalizadas posteriormente, as ternas pitagóricas já haviam aparecido em problemas matemáticos por volta de 1800 a.C., na Babilônia, onde já se conheciam pelos menos quatro ternas pitagóricas: (3, 4, 5), (8, 15, 17), (5, 12, 13) e (20, 21, 29). Esses números também foram explorados pelos hindus, egípcios e, depois, pelos gregos.

O próximo teorema cria infinitas ternas pitagóricas com base em uma terna pitagórica fixada.

Teorema 6.2
Dada a terna pitagórica (a, b, c) e k ∈ ℕ, temos que (ka, kb, kc) é uma terna pitagórica.

Demonstração:
Como (a, b, c) é uma terna pitagórica, temos:

$$(ka)^2 + (kb)^2 = k^2a^2 + k^2b^2 = k^2(a^2 + b^2) = k^2c^2 = (kc)^2$$

Portanto, (ka, kb, kc) é uma terna pitagórica.

∎

Provada a existência de infinitas ternas pitagóricas, uma pergunta natural é saber como se pode determiná-las. Diversos matemáticos apresentaram maneiras de construir ternas pitagóricas, como Pitágoras, Platão, Euclides e Diofanto. Euclides demonstrou que o conjunto das ternas pitagóricas primitivas é infinito, além de apresentar uma fórmula que determina todas essas ternas.

A princípio, caracterizemos todas as ternas pitagóricas utilizando o resultado a seguir.

Teorema 6.3
Temos que (a, b, c) é uma terna pitagórica se, e somente se, existirem u, v ∈ ℕ de igual paridade tais que u > v, uv é quadrado perfeito e

$$(a,b,c) = \left(\sqrt{uv}, \frac{u-v}{2}, \frac{u+v}{2} \right)$$

Demonstração:
Supomos que (a, b, c) é uma terna pitagórica. Por definição, $a^2 + b^2 = c^2$, portanto $a^2 = (c-b)(c+b)$. Consideramos, então, u = c + b e v = c − b. Assim, u e v têm mesma paridade, com u > v e uv = a^2 quadrado perfeito. Por fim, $a = \sqrt{uv}$, $b = \frac{u-v}{2}$ e $c = \frac{u+v}{2}$.

Por outro lado, considerando u e v nas condições enunciadas, note que $a = \sqrt{uv} \in \mathbb{N}$, pois uv é quadrado perfeito. Além disso, b, c ∈ ℕ, pois u e v têm mesma paridade e u > v. Por fim:

$$a^2 + b^2 = \left(\sqrt{uv}\right)^2 + \left(\frac{u-v}{2}\right)^2$$

$$= uv + \frac{u^2 - 2uv + v^2}{4}$$

$$= \frac{u^2 + 2uv + v^2}{4}$$

$$= \left(\frac{u-v}{2}\right)^2$$

$$= c^2$$

Euclides, em *Elementos*, apresenta uma fórmula que gera todos os ternos pitagóricos primitivos. Essa fórmula considera dois naturais m > n e define:

$a = m^2 - n^2$
$b = 2mn$
$c = m^2 + n^2$

Assim, (a, b, c) é uma terna pitagórica. Além disso, essa terna é primitiva se, e somente se, *m* e *n* forem relativamente primos e apresentarem paridades distintas.

Vejamos, no próximo resultado, a demonstração de que existem infinitas ternas pitagóricas primitivas.

Teorema 6.4

Existem infinitas ternas pitagóricas primitivas.

Demonstração:

Consideramos a terna pitagórica ($m^2 - 1, 2m, m^2 + 1$), isto é, a terna obtida pela fórmula de Euclides com n = 1. Ainda, consideramos m = 2p para algum *p* primo e b = 4p, tendo no máximo dois divisores 2 e *p*. Por outro lado, como *m* é par, $a = m^2 - 1$ e $c = m^2 + 1$ são ímpares, então 2 e *p* não são divisores de *a* e *c*, de forma que *b* é relativamente primo a *a* e *c*. Por sua vez, pelo teorema 2.11, mdc($m^2 - 1, m^2 + 1$)|2. Como *a* e *c* são ímpares, então *a* e *c* são relativamente primos. Assim, ($m^2 - 1, 2m, m^2 + 1$) é uma terna pitagórica primitiva. Dessa forma, como existem infinitos primos, temos que existem infinitas ternas pitagóricas primitivas.

Exercício resolvido 6.1

Determine todos os triângulos pitagóricos que têm um cateto a = 12.

Resolução

Consideramos $12^2 = 144$ e o fatoramos como produto de dois inteiros positivos *u* e *v*, distintos e de mesma paridade, 144 = 72 · 2 = 36 · 4 = 24 · 6 = 18 · 8. Portanto, existem 4 triângulos pitagóricos com catetos de comprimento 12. O comprimento do lado desses triângulos é dado por (12, 35, 37), (12, 16, 20), (12, 9 15) e (12, 5, 13).

6.3 Comprimento de dízimas periódicas

Nesta seção, abordaremos conceitos acerca da expansão decimal de frações, destacando as dízimas periódicas. Primeiro, apresentaremos o conjunto numérico dos racionais, como segue.

Definição 6.2

Um número a é dito racional se existem inteiros p e q, com $q \neq 0$, tais que $a \cdot q = p$, o que, utilizando a notação aqui adotada, pode ser representado por $a = \dfrac{a}{1}$. O conjunto dos números racionais é denotado por $\mathbb{Q}$.

Note que todo número a inteiro é racional, pois $a = \dfrac{a}{1}$. Vejamos alguns exemplos de números racionais a seguir.

Exemplos 6.2

I. $0{,}25 = \dfrac{1}{4} \in \mathbb{Q}$

II. $12{,}6 = \dfrac{126}{10} \in \mathbb{Q}$

III. $0{,}1212121212\ldots \in \mathbb{Q}$

De fato, denominando tal número por a, temos:

$100^a = 12{,}1212121212\ldots$

Logo, $100a - a = 12$, isto é, $99a = 12$.

Portanto, $a = \dfrac{12}{99}$.

Como evidenciamos no exemplo anterior, o número $0{,}1212121212\ldots$ é um racional, fugindo um pouco da intuição que temos dos números racionais. O que ele tem de especial é o padrão de formação desse número. Vejamos algumas definições que podem englobar o número apresentado em uma classe específica dos racionais.

Definição 6.3

Consideremos naturais m, n tais que $1 \leq m < n$, a expansão decimal de $\dfrac{m}{n}$ é a expressão:

$\dfrac{m}{n} = 0{,}a_1 a_2 a_3 \ldots$

Temos que $a_i \in \mathbb{N}$, $0 \leq a_i \leq 9$ são obtidos por meio de:

$10m = a_1 n + r_1$

$10 r_1 = a_2 n + r_2$

$10r_2 = a_3 n + r_3$

$\vdots$

$(0 \leq r_i < n)$

Os coeficientes a_i são denominados *dígitos*.

Exemplo 6.3

Considere $m = 1$ e $n = 7$. Temos:

$10 \cdot 1 = 1 \cdot 7 + 3$

$10 \cdot 3 = 4 \cdot 7 + 2$

$10 \cdot 2 = 2 \cdot 7 + 6$

Dessa forma, $\dfrac{1}{7} = 0{,}142\ldots$.

Teorema 6.5

Dados naturais m, n tais que $1 \leq m < n$ e a expansão decimal:

$$\frac{m}{n} = 0{,}a_1 a_2 a_3 \ldots$$

Temos para $k \in \mathbb{N}$ que:

$$\left| \frac{m}{n} - \left(\frac{a_1}{10} + \frac{a_2}{10^2} + \ldots + \frac{a_k}{10^k} \right) \right| < \frac{1}{10^k}$$

Demonstração:

Vale ressaltar que as relações de ordem, assim como suas propriedades, podem ser estendidas para o conjunto dos racionais.

Agora, provaremos por indução que, para todo *k*:

$$\frac{m}{n} = \frac{a_1}{10} + \frac{a_2}{10^2} + \ldots + \frac{a_k}{10^k} + \frac{1}{10^k} \cdot \frac{r_k}{n}$$

Para $k = 1$, de $10m = a_1 \cdot n + r_1$, temos que:

$$\frac{m}{n} = \frac{a_1}{10} + \frac{1}{10} \cdot \frac{r_1}{n}$$

Supondo válida a afirmação para *k* fixo, da definição de r_k, temos:

$$\frac{m}{n} = \frac{a_1}{10} + \frac{a_2}{10^2} + \ldots + \frac{a_k}{10^k} + \frac{1}{10^k} \cdot \frac{r_k}{n}$$

$$= \frac{a_1}{10} + \frac{a_2}{10^2} + \ldots + \frac{a_k}{10^k} + \frac{1}{10^{k+1}} \cdot \frac{10 \cdot r_k}{n}$$

$$= \frac{a_1}{10} + \frac{a_2}{10^2} + \ldots + \frac{a_k}{10^k} + \frac{1}{10^{k+1}} \cdot \frac{a_{k+1} \cdot n + r_{k+1}}{n}$$

$$= \frac{a_1}{10} + \frac{a_2}{10^2} + \ldots + \frac{a_k}{10^k} + \frac{a_{k+1}}{10^{k+1}} + \frac{1}{10^{k+1}} \cdot \frac{r_{k+1}}{n}$$

Provada tal afirmação, basta notar que, para todo $k \in \mathbb{N}$, temos $r_k < n$. Portanto, $\frac{r_k}{n} < 1$, implicando:

$$\left| \frac{m}{n} - \left(\frac{a_1}{10} + \frac{a_2}{10^2} + \ldots + \frac{a_k}{10^k} \right) \right| = \frac{1}{10^k} \cdot \frac{r_k}{n} < \frac{1}{10^k}$$

∎

Definição 6.4

Consideremos $m, n \in \mathbb{N}$ tais que $1 \leq m < n$, a expansão decimal é finita se existir $k \in \mathbb{N}$ para o qual $r_k = 0$. Nesse caso, podemos escrever a expansão apenas por $\frac{m}{n} = 0,a_1a_2a_3 \ldots a_k$. Caso não haja $k \in \mathbb{N}$ para o qual $r_k = 0$, a expansão decimal é infinita.

Exemplo 6.4

$$\frac{1}{5} = 0,2 \; ; \; \frac{2}{11} = 0,181818\ldots \; ; \; \frac{3}{13} = 0,230769230769\ldots$$

Definição 6.5

Dada uma expansão decimal $\frac{m}{n} = 0,a_1a_2a_3 \ldots a_k$, a expansão é periódica se existir $k \in \mathbb{N}$ para o qual $a_1a_2\ldots a_k = a_{k+1}a_{k+2}a_{2k} = \ldots = a_{tk+1}a_{tk+2}a_{(t+1)k}$ para todo $t \in \mathbb{N}^*$

Esse valor de k é denominado *período da expansão*.

Considerando a expansão decimal infinita e periódica $\frac{m}{n} = a_1a_2\ldots a_ka_1a_2\ldots a_ka_1a_2\ldots a_k\ldots$, é comum denotá-la por:

$$\frac{m}{n} = \overline{a_1a_2\ldots a_k}$$

Claramente, toda expansão decimal finita é um racional. Por outro lado, verificamos anteriormente que o número 0,1212121212... é um racional e, segundo as definições 6.4 e 6.5, representa uma expansão decimal infinita periódica. Explicitaremos, a seguir, que qualquer expansão decimal infinita periódica é um racional.

Teorema 6.6

Dada uma expansão infinita e periódica $0.a_1a_2 \ldots a_k a_1 a_2 \ldots a_k a_1 a_2 \ldots a_k \ldots$, existem $m, n \in \mathbb{N}$ tais que $1 \leq m < n$ e $\frac{m}{n} = a_1a_2 \ldots a_k a_1 a_2 \ldots a_k a_1 a_2 \ldots a_k..$, isto é, a expansão define um número racional.

Demonstração:

Denotamos:

$$a = a_1a_2 \ldots a_k a_1 a_2 \ldots a_k a_1 a_2 \ldots a_k \ldots$$

Dessa forma, multiplicando ambos os lados da equação por 10^k, obtemos:

$$10^k \cdot a = a_1a_2 \ldots a_k a_1 a_2 \ldots a_k a_1 a_2 \ldots a_k \ldots$$

Portanto, $(10^k - 1) \cdot a = a_1a_2 \ldots a_k$, de forma que $a = \frac{a_1a_2 \ldots a_k}{(10^k - 1)} = \frac{m}{n}$.

∎

Nosso próximo passo é caracterizar as expansões decimais finitas, como acompanharemos no próximo resultado.

Teorema 6.7

Considerando $m, n \in \mathbb{N}$, $1 \leq m < n$ e $\mathrm{mdc}(m,n) = 1$, a expansão decimal de $\frac{m}{n}$ é finita se, e somente se, $n = 2^{n_1} 5^{n_2}$ para certos $n_1, n_2 \in \mathbb{N}^*$.

Demonstração:

Considerando a expansão finita $\frac{m}{n} = 0 \cdot a_1a_2\ldots a_k$, temos que $10^k \frac{m}{n} = a_1a_2\ldots a_k$, isto é, $10^k m = a_1a_2 \ldots a_k n$. Assim, $n | 10^k m$ e, como $\mathrm{mdc}(m, n) = 1$, então $n | 10^k$, isto é, $n = 2^{n_1} 5^{n_2}$ para certos $0 \leq n_1, n_2 \leq k$.

Por outro lado, considerando $n = 2^{n_1}5^{n_2}$, temos:

$$\frac{m}{n} = \frac{m}{2^{n_1}5^{n_2}} = \frac{m}{2^{n_1}5^{n_2}} \frac{2^{n_2}5^{n_1}}{2^{n_2}5^{n_1}} = \frac{2^{n_2}5^{n_1}m}{2^{n_1+n_2}5^{n_1+n_2}}$$

Denotando $k = n_1 + n_2$, $\tilde{m} = 2^{n_2}5^{n_1}m \in \mathbb{N}$, temos que $\frac{m}{n} = \frac{\tilde{m}}{10^k}$, que é uma expansão finita.

∎

Exemplo 6.5

A expansão $\dfrac{3}{2^3 \cdot 5^2} = 0{,}015$ é finita.

Note que, no caso de mdc(m, n) > 1 no teorema 6.7, basta fazer a análise sobre:

$$\frac{m}{n} = \frac{\bar{m} \cdot \text{mdc}(m,n)}{\bar{n} \cdot \text{mdc}(m,n)} = \frac{\bar{m}}{\bar{n}}$$

Em que: $\text{mdc}(\bar{m},\bar{n}) = 1$.

Teorema 6.8

Dados $m, n \in \mathbb{N}$, $1 \leq m < n$, a expansão decimal de $\dfrac{m}{n}$ é finita ou periódica.

Demonstração:

Note que os dígitos da expansão decimal provêm de:

$10m = a_1 n + r_1$

$10r_1 = a_2 n + r_2$

$10m = a_3 n + r_3$

$\vdots$

Como existe um número n finito de restos distintos, existem s_0 e t_0 tais que $r_{s_0} = r_{s_0+t_0}$. Assim, note que:

$10r_{s_0} = a_{s_0+1} n + r_{s_0+1}$

$10r_{s_0+1} = a_{s_0+2} n + r_{s_0+2}$

$\vdots$

$10r_{s_0+t_0} = 10r_{s_0} = a_{s_0+1} n + r_{s_0+1}$

Logo, $a_{s_0+1} = a_{s_0+t_0+1}$, implicando a repetição dos próximos termos. Portanto, os dígitos se repetirão periodicamente, com período t_0, de modo que a expansão decimal de $\dfrac{m}{n}$ é infinita periódica.

∎

Note que é possível generalizar os resultados para a expansão decimal de números da forma $\dfrac{m}{n}$, com $1 \leq n < m$. Unindo essas informações, podemos concluir que os números racionais são expressos por dízimas periódicas finitas ou infinitas periódicas.

Outra informação importante que podemos extrair do teorema 6.7 é que, dados m, n ∈ ℕ, com $1 \leq m < n$, mdc(m,n) = 1, a expansão de $\frac{m}{n}$ é periódica se, e somente se, mdc(n, 10) = 1.

Nosso próximo objetivo consiste em estudar as relações existentes entre a expansão decimal de um racional e o tamanho de seu período. Essa relação será estabelecida utilizando o conceito de ordem de um número, tema abordado no Capítulo 5.

Teorema 6.9

Considerando n ∈ ℕ, com n > 1 e mdc(n, 10) = 1, se a expansão decimal de $\frac{1}{n}$ tem período k, então $10^k \equiv 1 \pmod{n}$.

Demonstração:

Temos:

$$\frac{1}{n} = 0 \cdot \overline{a_1 a_2 \ldots a_k}$$

Como k é o período da expansão decimal, temos:

$$10^k \frac{1}{n} = a_1 a_2 \ldots a_k . \overline{a_1 a_2 \ldots a_k}$$

Assim, $(10^k - 1)\frac{1}{n} = a_1 a_2 \ldots a_k$, implicando $(10^k - 1) = n \cdot a_1 a_2 \ldots a_k$. Portanto, $10^k \equiv 1 \pmod{n}$, como pretendemos demonstrar.

∎

Note que, do teorema 5.1 e do resultado ora apresentado, temos $\text{ord}_n(10)k$. Provaremos, adiante, que $k = \text{ord}_n(10)$, em um caso ainda mais geral que o demonstrado no teorema 6.9. Para tanto, abordaremos o conceito de *série geométrica*, que será visto nos resultados a seguir.

Definição 6.6

Dado a um número qualquer, a série geométrica de razão a é definida como:

$$\sum_{k=0}^{\infty} a^k = 1 + a + a^2 + a^3 \ldots$$

Os próximos dois resultados relativos à de séries geométricas não serão demonstrados, pois não integram do escopo deste livro.

Teorema 6.10

Dado a ≠ 0, se |a| < 1, então:

$$\sum_{k=0}^{\infty} a^k = \frac{1}{1-a}$$

■

Corolário 6.1

Dado a ≠ 0, se |a| < 1, então:

$$\sum_{k=1}^{\infty} a^k = \frac{1}{1-a}$$

■

Teorema 6.11

Considerando m, n ∈ ℕ*, 1 ≤ m < n, mdc(m,n) = 1 e mdc(10, n) = 1, então, a expansão decimal de $\frac{m}{n}$ tem período $\text{ord}_n(10)$.

Demonstração:

Denotamos d = $\text{ord}_n(10)$. Como já foi dito, $\text{ord}_n(10)$ divide o período da expansão decimal. Sendo $10^d \equiv 1 \pmod{n}$, existe k ∈ ℕ tal que $10^d - 1 = k \cdot n$. Dessa forma:

$$\frac{1}{n} = \frac{k}{10^d - 1}$$

$$= k \frac{1}{10^d - 1}$$

$$= k \frac{10^d}{1 - \frac{1}{10^d}}$$

$$= k \sum_{j=1}^{\infty} \left(\frac{1}{10^d}\right)^j$$

$$= \sum_{j=1}^{\infty} \frac{k}{10^{dj}}$$

$$= \frac{k}{10^d} + \frac{k}{10^{2d}} + \frac{k}{10^{3d}} + \ldots$$

Por outro lado, é possível escrever k na base decimal como:

$$k = a_1 10^{d-1} + a_2 10^{d-2} + \ldots + a_{d-1}10 + a_d$$

Assim, temos:

$$\frac{k}{10^d} = \frac{a_1 10^{d-1} + a_2 10^{d-2} + \ldots + a_{d-1}10 + a_d}{10^d}$$

$$= \frac{a_1}{10} + \frac{a_2}{10^2} + \ldots + \frac{a_d}{10^d}$$

$$= 0 \cdot a_1 a_2 \ldots a_d$$

Logo, da expressão de $\frac{1}{n}$ obtida anteriormente, temos:

$$\frac{1}{n} = \frac{k}{10^d} + \frac{k}{10^{2d}} + \frac{k}{10^{3d}} + \ldots$$

$$= 0.a_1 a_2 \ldots a_d + 0.0 \ldots 0 a_1 a_2 \ldots a_d + 0.0 \ldots 0 \ldots 0 a_1 a_2 + \ldots a_d + \ldots$$

$$= 0.\overline{a_1 a_2 \ldots a_d}$$

Por fim, para $1 \leq m < n$, temos:

$$\frac{m}{n} = \sum_{j=1}^{\infty} \frac{mk}{10^{dj}}$$

É suficiente proceder de forma análoga, expressando mk em base decimal.

Exercício resolvido 6.2

Encontre a expansão decimal de $\frac{3}{13}$.

Resolução

Consideramos que $\text{ord}_{13}(10) = 6$ para encontrar k tal que $10^6 - 1 = k \cdot 13$. Então:

$$k = \frac{10^6 - 1}{13} = \frac{999\,999}{13} = 76\,923$$

Dessa forma:

$$\frac{1}{13} = \sum_{j=1}^{\infty} \frac{76\,923}{10^{6j}} = 0.\overline{076923}$$

Por fim:

$$\frac{3}{13} = 3 \cdot 0.\overline{076923} = 0.\overline{230769}$$

6.4 Equações de Pell

Nesta seção, abordaremos um caso particular das equações diofantinas não lineares: a equação de Pell. Essa equação foi assim nomeada em homenagem ao matemático inglês John Pell (1611-1685), embora tenha sido estudada anteriormente pelo matemático e astrônomo Brahmagupta, no século VII, e também por Fermat, contemporâneo de Pell. Vejamos sua definição a seguir.

Definição 6.7

A equação de Pell é uma equação da forma $x^2 - dy^2 = 1$, em que $d \in \mathbb{Z}$ é dado e as soluções x e y são inteiras.

Nosso primeiro objetivo é apresentar as soluções triviais da equação de Pell quando d é um quadrado perfeito ou $d < 0$.

Se d é um quadrado perfeito, existe $k \in \mathbb{N}$ tal que $d = k^2$. Assim, a equação de Pell pode ser reescrita na forma:

$$x^2 - k^2y^2 = (x + ky)(x - ky) = 1$$

Como buscamos apenas as soluções inteiras, $(x + ky) = (x - ky) = 1$ ou $(x + ky) = (x - ky) = -1$. Note que, em ambos os casos, $y = 0$. Portanto, $x = \pm 1$ são soluções da equação.

Se $d = 0$ na equação de Pell, temos que $x = \pm 1$ e $y \in \mathbb{Z}$ é solução da equação. Se $d = -1$, temos a equação:

$$x^2 + y^2 = 1$$

Essa equação tem como soluções inteiras (x, y) dadas por $(\pm 1, 0)$ ou $(0, \pm 1)$. Por fim, se $d < -1$, a equação tem apenas as soluções $(\pm 1, 0)$.

Dessa forma, nosso objeto de estudo serão as equações de Pell tal que d não é quadrado perfeito e $d > 0$. Note também que, dado x um termo da solução, $-x$ também satisfaz a equação e, analogamente ao y, basta buscar as soluções naturais da equação.

Exemplo 6.6

Considere a equação de Pell $x^2 - 2y^2 = 1$.

Claramente, (1,0) são soluções dessa equação. Além dessas, podemos facilmente verificar que (3,2) e (17,12) também são soluções.

Temos que (1,0) é solução de qualquer equação de Pell, denominada, portanto, *solução trivial*. Uma questão que surge são as condições de existência de soluções não triviais para uma equação de Pell e, em caso afirmativo, como determinar essas soluções.

Para avançar na teoria, trataremos do conjunto dos números irracionais. Esse conjunto é formado por todos os números que não podem ser expressos como uma divisão $\frac{m}{n}$, em que m, n ∈ ℤ. Esse conjunto é formado por todos os números cuja expansão decimal é infinita e não periódica e pode ser denotado por 𝕀. A união do conjunto dos racionais e dos irracionais constitui o conjunto dos números reais, cuja notação é dada por ℝ. Provaremos alguns resultados sobre os números irracionais que serão úteis no desenvolvimento da teoria.

Teorema 6.12

Dado d ∈ ℕ* tal que $\sqrt{d} \notin \mathbb{N}$, temos $\sqrt{d} \in \mathbb{I}$.

Demonstração:

Supomos por redução ao absurdo que existem m, n ∈ ℤ, n ≠ 0, tais que $\sqrt{d} = \frac{m}{n}$. Então, podemos supor sem perda de generalidade que mdc(m,n) = 1 e n > 1. Assim, elevando os dois lados da equação ao quadrado, obtemos $d = \frac{m^2}{n^2}$, com mdc(m², n²) = 1 e n² > 1, o que é uma contradição, pois d ∈ ℕ*.

∎

Teorema 6.13

Se $x + y\sqrt{d} = z + w\sqrt{d}$ para x, y, z, w ∈ ℚ, então x = z e y = w.

Demonstração:

Supondo por absurdo que y ≠ w, da hipótese do teorema, temos:

$$\sqrt{d} = \frac{x-z}{w-y} \in \mathbb{Q}$$

Tal proposição é uma contradição. Assim, y = w, o que implica trivialmente x = z, completando a demonstração.

∎

O que foi provado no teorema 6.13 é que um número da forma $x + y\sqrt{d}$ tem uma única representação dessa forma. Isso é útil para verificar a boa definição da função que veremos a seguir, denominada *norma*.

Definição 6.8

Fixado um natural $d > 0$ que não é quadrado perfeito, consideramos o conjunto $X = \{x + y\sqrt{d} : x, y \in \mathbb{Q}\}$. Podemos, assim, definir a função norma, dada por $N : X \to \mathbb{Z}$ tal que $N(x + y\sqrt{d}) = x^2 - dy^2$.

Teorema 6.14

A função norma é multiplicativa.

Demonstração:

Considerando $x, y, w, z \in \mathbb{Q}$, temos:

$$(x + y\sqrt{d}) \cdot (z + w\sqrt{d}) = (xz + dyw) + (xw + yz)\sqrt{d} \in X$$

Portanto, faz sentido avaliar a função em tal multiplicação. Além disso:

$$N\left((x + y\sqrt{d}) \cdot (z + w\sqrt{d})\right) = N\left((xz + dyw) + (xw + yz)\sqrt{d}\right)$$

$$= (xz + dyw)^2 - d(xw + yz)^2$$

$$= x^2z^2 + 2dxywz + d^2y^2w^2 - d(x^2w^2 + 2xywz + y^2z^2)$$

$$= x^2z^2 - dx^2w^2 - dy^2z^2 + d^2y^2w^2 = (x^2 - dy^2) \cdot (z^2 - dw^2)$$

$$= N(x + y\sqrt{d}) \cdot N(z + w\sqrt{d})$$

∎

Utilizando o conceito de norma, as soluções da equação de Pell são inteiros x, y tais que $N(x + y\sqrt{d}) = 1$. Pelo que foi ora provado, dada uma solução da equação de Pell, é possível construir infinitas. De fato, considerando $x, y \in \mathbb{N}$ tais que $N(x + y\sqrt{d}) = 1$, para todo $k \in \mathbb{N}$, (x_k, y_k) tal que $x_k + y_k\sqrt{d} = (x + y\sqrt{d})^k$ é uma solução da equação de Pell, pois:

$$N\left((x + y\sqrt{d})^k\right) = N(x + y\sqrt{d})^k = 1^k = 1$$

Definição 6.9

Dado $d \in \mathbb{N}$ tal que $\sqrt{d} \notin \mathbb{N}$, dizemos que (x, y) é uma solução da equação de Pell $x^2 - dy^2 = 1$ se $x, y \in \mathbb{Z}$, com $y \neq 0$.

Note que, se (x, y) é solução não trivial, $x^2 = 1 + dy^2 > 1$, então $x > 1$. Além disso, como já foi dito, se (x, y) é solução não trivial, $(|x|, |y|)$ também é. Assim, caso exista solução não trivial da equação de Pell, existem $\tilde{x}, \tilde{y} \in \mathbb{N}^*$ tal que $\tilde{x}^2 - d\tilde{y}^2 = 1$ e $\tilde{x} + \tilde{y}\sqrt{d} > 1$.

Teorema 6.15

Considerando que (x, y) é uma solução não trivial da equação de Pell $x, y \in \mathbb{Z}$, com $x + y\sqrt{d} > 1$, então, $x, y > 0$.

Demonstração:

Como (x, y) é solução, temos:

$$(x - y\sqrt{d})(x + y\sqrt{d}) = x^2 - dy^2 = 1$$

Assim:

$$0 < x - y\sqrt{d} = \frac{1}{x + y\sqrt{d}} < 1$$

Dessa forma:

$$x = \frac{1}{2}\left((x - y\sqrt{d})(x + y\sqrt{d})\right) > 0$$

Além disso:

$$y = \frac{1}{2\sqrt{d}}\left((x + y\sqrt{d}) - (x - y\sqrt{d})\right) > 0, \text{ pois } x + y\sqrt{d} > 1 \text{ e } x - y\sqrt{d} < 1$$

∎

Uma informação importante extraída do teorema 6.15 é que, caso exista (x, y) uma solução não trivial da equação de Pell, o conjunto das soluções que cumprem $x + y\sqrt{d} > 1$ é limitado inferiormente. Nesse caso, podemos considerar o menor deles, como demonstraremos a seguir.

Definição 6.10

Considerando $\tilde{x}, \tilde{y} \in \mathbb{N}^*$ tais que $\tilde{x} + \tilde{y}\sqrt{d}$ é o menor número da forma $x + y\sqrt{d}$ para $x, y \in \mathbb{N}^*$, então $\tilde{x} + \tilde{y}\sqrt{d}$ é solução fundamental da equação $x^2 - dy^2 = 1$.

Teorema 6.16

Se $\tilde{x} + \tilde{y}\sqrt{d}$ é solução fundamental de $x^2 - dy^2 = 1$, então qualquer solução natural $x + y\sqrt{d}$ dessa equação de Pell é tal que $x + y\sqrt{d} = (\tilde{x} + \tilde{y}\sqrt{d})^k$ para algum $k \in \mathbb{N}$.

Demonstração:

Fixando uma solução natural da equação de Pell $x + y\sqrt{d}$, como $\tilde{x} + \tilde{y}\sqrt{d} > 1$ e $(\tilde{x} - \tilde{y}\sqrt{d})(\tilde{x} + \tilde{y}\sqrt{d}) = 1$, temos:

$$(\tilde{x} - \tilde{y}\sqrt{d}) = \frac{1}{(\tilde{x} + \tilde{y}\sqrt{d})}$$

Por outro lado, existe $k \in \mathbb{N}$ tal que:

$$(\tilde{x} + \tilde{y}\sqrt{d})^k \leq x + y\sqrt{d} < (\tilde{x} + \tilde{y}\sqrt{d})^{k+1}$$

Assim, dividindo a última expressão por $(\tilde{x} + \tilde{y}\sqrt{d})^k$, obtemos:

$$1 \leq \frac{x + y\sqrt{d}}{(\tilde{x} + \tilde{y}\sqrt{d})^k} = (\tilde{x} - \tilde{y}\sqrt{d})^k (x + y\sqrt{d}) < \tilde{x} + \tilde{y}\sqrt{d}$$

Note que existem $u, v \in \mathbb{Z}$ tais que $u + v\sqrt{d} = (\tilde{x} - \tilde{y}\sqrt{d})^k(x + y\sqrt{d})$. Logo:

$$1 \leq u + v\sqrt{d} < \tilde{x} + \tilde{y}\sqrt{d}$$

Além disso:

$$N(u + v\sqrt{d}) = N\!\left((\tilde{x} - \tilde{y}\sqrt{d})^k(x + y\sqrt{d})\right)$$

$$= N(\tilde{x} - \tilde{y}\sqrt{d})^k N(x + y\sqrt{d})$$

$$= 1$$

Portanto, $u + v\sqrt{d}$ é uma solução da equação de Pell. Note que:

$$u - v\sqrt{d} = \frac{1}{u + v\sqrt{d}} = \frac{1}{(\tilde{x} - \tilde{y}\sqrt{d})^k(x + y\sqrt{d})} \leq 1 \leq u + v\sqrt{d}$$

Dessa expressão, obtemos $u - v\sqrt{d} \leq u + v\sqrt{d}$, de forma que $v \geq 0$.

Por outro lado:

$$u = \frac{1}{2}\!\left((u - v\sqrt{d}) + (u - v\sqrt{d})\right) > 0$$

Reunindo todas as informações, temos que $u + v\sqrt{d}$ é uma solução da equação de Pell, com $u > 0$, $v \geq 0$ e $1 \leq u + v\sqrt{d} < \tilde{x} + \tilde{y}\sqrt{d}$. Caso $v > 0$, haveria uma contradição com a definição de solução fundamental. Nesse caso, $v > 0$, portanto $u = 1$. Note que $1 = (\tilde{x} - \tilde{y}\sqrt{d})^k(x + y\sqrt{d})$, implicando:

$$(x + y\sqrt{d}) = \frac{1}{(\tilde{x} - \tilde{y}\sqrt{d})^k} = (\tilde{x} + \tilde{y}\sqrt{d})^k$$

∎

Como provado, as soluções de uma equação de Pell estão inteiramente determinadas por meio de uma solução fundamental. Claramente, ao obter uma solução, o conjunto de soluções menores que tal é finito, podendo, então, ser testado de forma a obter a solução fundamental. Assim, devemos provar que, de fato, sempre existe solução para uma equação de Pell.

Teorema 6.17
Dado $a \in \mathbb{I}$, existem infinitos $p \in \mathbb{Z}$, $q \in \mathbb{N}^*$ tais que:

$$\left| a - \frac{p}{q} \right| < \frac{1}{q^2}$$

∎

Esse resultado foi provado por Dirichlet e utiliza conceitos que não serão abordados no livro, como frações contínuas ou o princípio da casa dos pombos. Por isso, não demonstraremos tal resultado.

Teorema 6.18
Se $d \in \mathbb{N}$, com $\sqrt{d} \notin \mathbb{N}$, existem inteiros $x, y > 0$ cumprindo:

$$x_2 - dy_2 = 1$$

Demonstração:

Como já foi provado, se $d \in \mathbb{N}$ com $\sqrt{d} \notin \mathbb{N}$, então $\sqrt{d} \in \mathbb{I}$. Pelo resultado, existem infinitos $p \in \mathbb{Z}$, $q \in \mathbb{N}^*$ tais que $\left| \sqrt{d} - \frac{p}{q} \right| < \frac{1}{q^2}$. Assim:

$$\left| p^2 - dq^2 \right| = \left| (p - \sqrt{d}q)(p + \sqrt{d}q) \right|$$

$$= \left| q^2 \right| \left| \left(\frac{p}{q} - \sqrt{d} \right) \right| \left| \left(\frac{p}{q} + \sqrt{d} \right) \right|$$

$$< \left|q^2\right| \left|\frac{1}{q^2}\right| \left|\left(\frac{p}{q}+\sqrt{d}\right)\right|$$

$$= \left|\left(\frac{p}{q}+\sqrt{d}\right)\right|$$

$$\leq 2\sqrt{d} + \left|\left(\frac{p}{q}-\sqrt{d}\right)\right|$$

$$= \left|\left(2\sqrt{d}+\frac{p}{q}-\sqrt{d}\right)\right|$$

$$< 2\sqrt{d}+\frac{1}{q^2}$$

$$\leq 2\sqrt{d}+1$$

Dessa forma, existem infinitos valores de $p \in \mathbb{Z}$, $q \in \mathbb{N}^*$ tais que $\left|N(p+q\sqrt{d})\right| = \left|p^2-dq^2\right| \leq 2\sqrt{d}+1$. Como existe um número finito de normas cumprindo essa desigualdade, existe $k \in \mathbb{Z}$ tal que para infinitos valores de $p \in \mathbb{Z}$, $q \in \mathbb{N}^*$ temos $p^2-dq^2=k$. Note que $k \neq 0$, pois $\sqrt{d} \notin \mathbb{Q}$. Como há k^2 possibilidades para duplas da forma $p \pmod{|k|}$, $q \pmod{|k|}$, existem $r_1, r_2, \in \{0, 1, \ldots, |k|-1\}$ tais que, para infinitos valores de $p \in \mathbb{Z}$, $q \in \mathbb{N}^*$, temos $p \equiv r_1 \pmod{|k|}$ e $q \equiv r_2 \pmod{|k|}$. Considerando (p_1, q_1) e (p_2, q_2) dois desses pares. Assim, $p_2 \equiv p_1 \pmod{|k|}$ e $q_2 \equiv q_1 \pmod{|k|}$. Como $(p_1, q_1) \neq (p_2, q_2)$, então $p_1+\sqrt{d}q_1 \neq p_2+\sqrt{d}q_2$. Supomos, sem perda de generalidade, que $1 < p_1+\sqrt{d}q_1 < p_2+\sqrt{d}q_2$. Dessa forma, consideramos o número:

$$x+\sqrt{d}y = \frac{p_2+\sqrt{d}q_2}{p_1+\sqrt{d}q_1} > 1$$

Racionalizando o número, obtemos:

$$x+\sqrt{d}y = \frac{p_2+\sqrt{d}q_2}{p_1+\sqrt{d}q_1} \cdot \frac{p_1-\sqrt{d}q_1}{p_1-\sqrt{d}q_1}$$

$$= \frac{p_1p_2-Aq_1q_2+(p_1q_2-p_2q_1)\sqrt{d}}{p_1^2-dq_1^2}$$

$$= \frac{p_1p_2-Aq_1q_2+(p_1q_2-p_2q_1)\sqrt{d}}{k}$$

Como $p_2 \equiv p_1 \pmod{|k|}$ e $q_2 \equiv q_1 \pmod{|k|}$, temos que $p_1 p_2 - A q_1 q_2 + (p_1 q_2 - p_2 q_1)\sqrt{d} \equiv 0 \pmod{|k|}$
Portanto, $x + \sqrt{d} y$. Além disso, pela unicidade de representação, $x = \dfrac{p_1^2 - A q_1^2}{k} \in \mathbb{Z}$ e $y = \dfrac{p_1 q_2 - p_2 q_1}{k} \in \mathbb{Z}$. Note que:

$$p_2 + \sqrt{d} q_2 = (p_1 + \sqrt{d} q_1)(x + \sqrt{d} y)$$

Portanto:

$$\begin{aligned}k &= N(p_2 + \sqrt{d} q_2) \\ &= N(p_1 + \sqrt{d} q_1) \cdot N(x + \sqrt{d} y) \\ &= k \cdot N(x + \sqrt{d} y)\end{aligned}$$

Logo, $N(x + \sqrt{d} y) = 1$, de maneira que $x + \sqrt{d} y$ é uma solução da equação de Pell.
Por fim:

$$x + \sqrt{d} y > 1 > \frac{1}{x + \sqrt{d} y} = x - \sqrt{d} y$$

Portanto, $2\sqrt{d} y > 0$, implicando $y > 0$ e $x = \sqrt{d} y + (x - \sqrt{d} y) > 0$, o que completa a demonstração.

∎

Exercício resolvido 6.3
Determine as soluções naturais não triviais da equação $x^2 - 2y^2 = 1$.
Resolução
Devemos encontrar a solução fundamental dessa equação, determinando, assim, as demais. Por tentativa e erro, é possível verificar que $(1,1)$, $(1,2)$, $(2,1)$, $(2,2)$ e $(2,3)$ não são soluções da equação. Dessa forma, como $(x, y) = (3,2)$ satisfaz a equação, deve ser a solução fundamental. Assim, todas as soluções são da forma (x_n, y_n) tais que $x_k + \sqrt{2} y_k = (3 + 2\sqrt{2})^k$.

Síntese
Neste capítulo, discutimos algumas aplicações da teoria dos números. Casos práticos como criptografia RSA e o comprimento de dízimas periódicas mostram o potencial dessa teoria para manejar dados e aspectos mais teóricos, como ternas pitagóricas e equações de Pell, que foram aprofundadas a partir da teoria analisada neste livro.

Atividades de autoavaliação

1) Indique se as afirmações a seguir são verdadeiras (V) ou falsas (F).

( ) Todas as ternas pitagóricas são da forma ($m^2 - n^2$, $2mn$, $m^2 + n^2$), em que $m > n$.

( ) Dado um triângulo retângulo de catetos a, b $\in \mathbb{N}$, com hipotenusa c $\in \mathbb{N}$, temos que (a, b, c) é uma terna pitagórica.

( ) (20, 22, 30) é uma terna pitagórica.

( ) Dada a terna pitagórica (a, b, c) e $k_1, k_2 \in \mathbb{N}$ tais que $k_1^2 + k_2^2 = 1$, então ($k_1 a$, $k_2 b$, c) é uma terna pitagórica.

Agora, assinale a alternativa que corresponde à sequência obtida:

a. F, V, F, F.
b. F, V, V, F.
c. V, F, V, F.
d. F, V, F, F.
e. V, F, V, V.

2) Se c $\in \mathbb{N}$ tal que (19, $2c^2 + 2c$, $2c^2 + 2c + 1$) é uma terna pitagórica, nessas condições, é correto afirmar que *c* é:

a. par.
b. divisível por 5.
c. múltiplo de 7.
d. quadrado perfeito.
e. primo.

3) Associe as divisões às respectivas expansões decimais:

I. $\dfrac{6}{18}$ ( ) 0,025

II. $\dfrac{3}{13}$ ( ) $0,\overline{230769}$

III. $\dfrac{5}{20}$ ( ) $0,\overline{3}$

IV. $\dfrac{6}{7}$ ( ) $0,\overline{857142}$

4) Considere as dízimas periódicas a seguir e assinale (F) para finitas e (I) para infinitas:

( ) $\dfrac{4}{5}$ ( ) $\dfrac{6}{8}$ ( ) $\dfrac{11}{20}$ ( ) $\dfrac{3}{7}$

Agora, assinale a alternativa que corresponde à sequência obtida:
a. F, F, I, F.
b. F, I, I, F.
c. F, I, F, I.
d. I, I, F, I.
e. F, I, F, F.

5) Com relação às equações de Pell, associe as colunas:

I. $x^2 - 4y^2 = 1$

II. $d = 0$

III. $\dfrac{m}{n}$ com m, n $\in \mathbb{Z}$ e n $\neq 0$

IV. $N(x + y\sqrt{d}) = 1$

( ) elemento de $\mathbb{Q}$.

( ) y $\in \mathbb{Z}$ qualquer compõe a solução.

( ) (x, y) é solução da equação de Pell $x^2 - dy^2 = 1$.

( ) y = 0 e x = ±1 são soluções.

Atividades de aprendizagem

Questões para reflexão

1) Vejamos uma maneira de criar ternas pitagóricas:
I. Tome um k $\in \mathbb{N}$ ímpar qualquer.
II. Eleve-o ao quadrado.
III. Determine dois naturais consecutivos cuja soma resulte nesse quadrado, isto é, $n + (n+1) = k^2$.

Nessas circunstâncias, (k, n, n + 1) é uma terna pitagórica.
Exemplo:
Tomemos k = 7. Assim, $k^2 = 49$. Note que 24 e 25 são tais que 24 + 25 = 49. Assim, (7, 24, 25) é uma terna pitagórica. De fato, $7^2 + 24^2 = 625 = 25^2$.
Prove que esse algoritmo de criação de ternas pitagóricas sempre funciona.

2) Com base no teorema 6.10, prove que:

$$\sum_{k=0}^{\infty}\left(\dfrac{1}{2}\right)^k = 2$$

Utilize a calculadora para confirmar o resultado.

3) Calcule o comprimento da dízima periódica $\frac{1}{13}$.

4) Determine as soluções naturais não triviais da equação:
$$X^2 - 3y^2 = 1$$

5) João e Maria estão aprendendo a criptografia RSA. Ele escolheu os primos 127 e 211, o inteiro e = 4 811 e recebeu dela a mensagem 17 523 – 9 183 como teste. O que dizia a mensagem?

Atividade aplicada: prática

1) Utilizando os mesmos valores para p, q e e dados no exemplo, codifique a palavra ALUNO. Use a decodificação para verificar a obtenção dessa palavra.

Considerações finais

Nesta obra, buscamos apresentar uma visão geral da teoria dos números desde os axiomas algébricos e de ordem, passando pelos principais resultados de divisibilidade, pela congruência, pelas funções aritméticas e de raízes primitivas até as principais aplicações dessa teoria.

Abordamos as demonstrações mais relevantes da teoria de forma simples e com muitos detalhes, de modo a facilitar a leitura e o entendimento. Além disso, no decorrer da leitura, propusemos a elaboração de vários resultados ao leitor, de modo que pratique realização de demonstrações dessa área, além das propostas no final de cada capítulo, com o objetivo de aprofundar os estudos dessa rica teoria.

Por fim, consideramos que todos os resultados e teorias aqui contemplados são de extrema relevância para o estudo da matemática e dão base às principais teorias algébricas estudadas não somente no curso específico da área, mas em grande parte dos cursos de ciências exatas. A matemática é uma linguagem: quanto mais você dominá-la, mais poderá construir.

Referências

ALENCAR FILHO, E. de. **Teoria elementar dos números**. São Paulo: Nobel, 1981.

ALVARES, E. R. O comprimento do período de dízimas a/b não depende do numerador. **Revista do Professor de Matemática**, RPM 61. Disponível em: <http://rpm.org.br/cdrpm/61/4.html>. Acesso em: 16 ago. 2019.

BOYER, Carl B. **História da matemática**. 2. ed. São Paulo: Edgard Blucher Ltda., 1996.

COUTINHO, S. C. **Números inteiros e criptografia RSA**. 2. ed. Rio de Janeiro: Instituto de Matemática Pura e Aplicada, 2000. (Série de Computação e Matemática, n. 2).

DOMINGUES, H. H. O pequeno teorema de Fermat. **Revista do Professor de Matemática**, RPM 52. Disponível em: <http://rpm.org.br/cdrpm/52/3.htm>. Acesso em: 9 jul. 2019.

MARTINEZ, F. E. B. et al. **Teoria dos números**: um passeio com primos e outros números familiares pelo mundo inteiro. Rio de Janeiro: Instituto de Matemática Pura e Aplicada, 2013. (Coleção Projeto Euclides).

MILIES, F. C. P.; COELHO, S. P. **Números**: uma introdução à matemática. São Paulo: Edusp, 2001.

MOREIRA, C. G. T. A.; SALDANHA, N. C. **Primos de Mersenne (e outros primos muito grandes)**. Rio de Janeiro: Instituto de Matemática Pura e Aplicada, 1999.

NEVES, V. **Introdução à teoria dos números**. Departamento de Matemática, Universidade de Aveiro, 2001. Disponível em: <http://arquivoescolar.org/bitstream/arquivo-e/76/1/itn.pdf>. Acesso em: 16 ago. 2019.

RIBENBOIM, P. **Números primos**: mistérios e recordes. Rio de Janeiro: Instituto de Matemática Pura e Aplicada, 2001.

SANTOS, J. P. O. **Introdução à teoria dos números**. Rio de Janeiro: Instituto de Matemática Pura e Aplicada, 2015.

STEWART, I. **Em busca do infinito**: uma história da matemática dos primeiros números à teoria do caos. São Paulo: Zahar, 2014.

Bibliografia comentada

ALENCAR FILHO, E. de. **Teoria elementar dos números**. São Paulo: Nobel, 1981.
A obra contém diversos exemplos que ilustram os resultados apresentados, a fim de facilitar o entendimento dos leitores. Aborda grande parte dos conteúdos tratados neste livro.

ALVARES, E. R. O comprimento do período de dízimas a/b não depende do numerador. **Revista do Professor de Matemática**, RPM 61. Disponível em: <http://rpm.org.br/cdrpm/61/4.html>. Acesso em: 16 ago. 2019.
O artigo traz um interessante tratamento acerca do comprimento de dízimas periódicas.

COUTINHO, S. C. **Números inteiros e criptografia RSA**. 2. ed. Rio de Janeiro: Instituto de Matemática Pura e Aplicada, 2000. (Série de Computação e Matemática, n. 2).
A obra reúne um grande embasamento teórico sobre a criptografia RSA.

DOMINGUES, H. H. O pequeno teorema de Fermat. **Revista do Professor de Matemática**, RPM 52. Disponível em: <http://rpm.org.br/cdrpm/52/3.htm>. Acesso em: 9 jul. 2019.
O artigo utiliza o teorema de Fermat para caracterizar as dízimas periódicas finitas e infinitas.

MARTINEZ, F. E. B. et al. **Teoria dos números**: um passeio com primos e outros números familiares pelo mundo inteiro. Rio de Janeiro: Instituto de Matemática Pura e Aplicada, 2013. (Coleção Projeto Euclides).
Além do tratamento clássico dos tópicos da teoria dos números, o livro contém aspectos multidisciplinares, principalmente relacionados à análise, à álgebra e à computação.

MILIES, F. C. P.; COELHO, S. P. **Números**: uma introdução à matemática. São Paulo: Edusp, 2001.
Este livro contempla diversos tópicos da teoria dos números, apresentando-os com clareza e formalismo. Há vários exercícios que complementam a teoria, contribuindo para um aprendizado mais consistente. Aconselhamos a leitura dos apêndices, que apresentam um pouco da axiomática de G. Peano e da construção dos números inteiros.

NEVES, V. **Introdução à teoria dos números**. Departamento de Matemática, Universidade de Aveiro, 2001. Disponível em: <http://arquivoescolar.org/bitstream/arquivo-e/76/1/itn.pdf>. Acesso em: 19 jul. 2019.
As notas de aula contêm uma vasta abordagem da teoria dos números. Recomendamos a leitura do Capítulo 5, que esclarece alguns conceitos de funções aritméticas que não foram tratados nesta obra.

SANTOS, J. P. O. **Introdução à teoria dos números**. Rio de Janeiro: Instituto de Matemática Pura e Aplicada, 2015.

Com um caráter mais objetivo, o livro apresenta vários resultados precedidos de exemplos com o objetivo de ilustrar as ideias utilizadas nas demonstrações. Além disso, há diversos problemas propostos e resolvidos ao longo da obra.

Respostas

CAPÍTULO 1

Atividades de autoavaliação

1) a

2) e

3) c

4) d

5) b

Atividades de aprendizagem

Questões para reflexão

1) Suponha por redução ao absurdo que a − 1 não é o maior inteiro menor que a, isto é, que existe inteiro x cumprindo a − 1 < x < a. Dessa forma, 0 < x − (a − 1) < 1, o que contradiz a proposição 1.8, dado que x − (a − 1) é um inteiro.

2) Considere S um subconjunto de $\mathbb{Z}$ e suponhamos que a e b sejam mínimos para tal conjunto. Caso a < b, então b não seria mínimo de S, e se b < a, então a não seria mínimo de S. Pela definição 1.1, resta apenas a hipótese de a = b.

3) Que o conjunto dos números pares é infinito é trivial. Sobre tal conjunto, para apresentar a mesma cardinalidade dos inteiros, considere a função $\varphi: \mathbb{Z} \to P$ que associa k ao número $2k$, e prove que tal função é bijetiva.

4) $\binom{n}{k} = \left(\frac{n!}{k!(n-k)!}\right) = \left(\frac{n!}{(n-k)!k!}\right) = \frac{n!}{(n-k)!(n-(n-k))!} = \binom{n}{n-k}$

5) Primeiramente, construa casos em que contradizem (a), (b), (c) e (d). Após isso, note que se (e) não é válido, então cada cozinheiro cozinhou no máximo 8 pratos, de forma que o grupo de profissionais teria elaborado no máximo 6 · 8 = 48.

Atividades aplicadas: prática

1)
```
                1
              1   1
            1   2   1
          1   3   3   1
        1   4   6   4   1
```

CAPÍTULO 2

Atividades de autoavaliação

1) b

2) d

3) e

4) c

5) a

6) c

7) b

Atividades de aprendizagem

Questões para reflexão

1) Como sabemos, para que a equação de segundo grau tenha duas soluções reais iguais

$b^2 - 4ac = 0$.

Dessa forma, $b^2 - 4ac = 0$, isto é, $a|b^2$. Como a é primo, então $a|b$, restando apenas a hipótese de a = b, dado que b é primo. De maneira análoga, c = b, o que implica $b^2 = 4b^2$, o que é uma contradição.

2) Prove que um critério de divisibilidade por 25 é que o número tenha como seus dois últimos algarismos 00, 25, 50 ou 75. Generalize essa demonstração para o caso 5^t.

3)
   a. Basta verificar que, pela definição, todo número par é da forma $2k$.

   b. Reveja o critério de divisibilidade por 5.

   c. Utilize o crivo de Eratóstenes para verificar essa proposição.

4) A resposta necessita de pesquisa por parte do leitor.

5)
   a. $1\,100_2 - 11\,010_2 = 10_2$

   b. $111\,100_2 - 011\,010_2 = 100\,010_2$

   c. Considere $x2^i + y2^i$, onde $x,y \in \{0,1\}$. Colocando em evidência temos $(x + y)2^i$. A partir daí, verifique a validade de cada caso.

6) Para que 31n27 seja divisível por 9, temos que $9|(3+1+n+2+7)$, isto é, $9|(12+n)$. Além disso, $n \in \{0,1,2,3,4,5,6,7,8,9\}$. Assim, temos que n = 6.
Por outro lado, não existe n tal que $5|31n27$, já que pelos critérios de divisibilidade os números divisíveis por 5 terminam com os algarismos 0 ou 5.

7) É de suma importância que o leitor tenha autonomia na realização dessa tarefa. Quanto à resposta (para uma validação *a posteriori*), mdc(306,657) = 9.

8)
  a. Como n ≡ 7 (mod 12), então 2n ≡ 2 · 7 (mod 12) ≡ 14 (mod 12) ≡ 2 (mod 12).

  b. Como n ≡ 7 (mod 12), então –n ≡ –7 (mod 12) ≡ 5 (mod 12).

  c. Temos que n = 12p + 7, então n = 4(3p + 1) + 3 = 4p + 3, do que segue que o resto da divisão de *n* por 4 é 3.

  d. Dica: note que n = 12p + 7 e realize o cálculo de n^2, destacando a parcela múltipla de 8 e seu respectivo resto. Quanto à resposta (para uma validação a posteriori), o resto da divisão é 1.

9) Temos que n ≡ p (mod 3), com p ∈ {0,1,2}. Se p = 0, não há nada a ser feito. Caso contrário, n + 1 ≡ p + 1 (mod 3), de maneira que p + 1 ∈ {2,3}, e, no caso de p + 1 = 3, 3|(n + 1). No último caso, p + 1 = 2, de forma que n + 4 ≡ p + 4 (mod 3) ≡ 6 (mod 3) ≡ 0 (mod 3), isto é, 3|(n + 4).

10) Considere a = 2k + 1 e realize o cálculo de $(a^2 - 1)$.

11) Considere a = 2k + 1 e realize o cálculo de $(a^2 - b^2)$.

Atividades aplicadas: prática

1) Basta calcular mdc(156, 234) = 78.

CAPÍTULO 3

Atividades de autoavaliação

1) c

2) a

3) c

4) e

5) d

6) a

7) e

Atividades de aprendizagem

Questões para reflexão

1) 84 anos.

2) Resposta pessoal.

Atividades aplicadas: prática

1) Resposta pessoal.

2) Primeiro, determinamos a solução geral da equação diofantina 36x + 75y = 993. Temos que mdc(36, 75) = 3. Também sabemos que 3|993, pois a soma de seus algarismos é 21, que é múltiplo de 3. Logo, a equação tem solução, que pode ser simplificada e escrita como 12x + 25y = 331. Sabemos que mdc(12, 25) = 1. Agora, buscamos uma solução particular para a equação 12x + 25y = 331. Observamos que:

$25 = 2 \cdot 12 + 1$

Portanto:

$1 = 25 - 2 \cdot 12 + 1 \cdot 25$

a. Assim, multiplicando por 331, temos 331 = (– 662) · 12 + 331 · 25, obtendo o par x = –662, y = 331 solução da equação diofantina 12x + 25y = 331. Obtemos como solução geral x = –662 + 25t e y= 331 – 12t para t ∈ ℤ.
É preciso, aqui, tomar somente as soluções inteiras não negativas, pois não há um número negativo de sobrinhos. Assim, consideramos x ≥ 0 e y ≥ 0, isto é, 25t ≥ 662 e 12 ≤ 331. Dessa forma, 26,48 ≤ t ≤ 27, 58. Como *t* é inteiro, então t = 27.

Obtemos uma única solução não negativa, sendo:

$$\begin{cases} x = 13 \\ y = 7 \end{cases}$$

Logo, Pedro tem 13 sobrinhas e 7 sobrinhos, totalizando 20 sobrinhos.

CAPÍTULO 4

Atividades de autoavaliação

1) b

2) c

3) e

4) b

5) a

Atividades de aprendizagem

Questões para reflexão

1) Basta considerar *f* tal que f(d) = 1 para todo *d*.

2) Verifica-se trivialmente que o número de coelhos nos dois primeiros meses é 1. No próximo mês, a partir do terceiro, haverá o número de casais do mês corrente mais o número de filhotes dos coelhos que estão maduros sexualmente (que representa o número de coelhos do mês passado).

3) Claramente o n-ésimo número da sequência é dado por $3 \cdot 2^{n-1}$, e portanto o 20º termo é dado por $3 \cdot 2^{20-1} = 1\,572\,864$.

4) Temos que $0! = 1$ e para todo inteiro positivo, $n! = n(n-1)!$.

5)

a. $a_1 = a_0 + 1 = 4$
$a_2 = a_1 + 2 = 6$
$a_3 = a_2 + 3 = 9$
$a_4 = a_3 + 4 = 13$
$a_5 = a_4 + 5 = 18$

b. Provemos esse resultado por indução sobre n. Para $n = 0$, $a_0 = \dfrac{0^2 + 0 + 6}{2} = 3$. Assumindo que $a_n = \dfrac{n^2 + n + 6}{2}$, temos:

$$a_{n+1} = a_n + (n+1)$$
$$= \frac{n^2 + n + 6}{2} + (n+1)$$
$$= \frac{n^2 + n + 6 + 2n + 2}{2}$$
$$= \frac{(n^2 + 2n + 1) + (n+1) + 6}{2}$$
$$= \frac{(n+1)^2 + (n+1) + 6}{2},$$

provando o desejado.

Atividades aplicadas: prática

1)

a. $a_0 = 1$ e $a_n = 2a_{n-1}$.

b. $a_0 = 8$ e $a_n = a_{n-1} - 8$.

c. Utilize $(-1)^n$ multiplicando os termos da recorrência.

d. $a_0 = 1$ e $a_n = 2a_{n-1}$.

e. $a_0 = 1$ e $a_n = \sum_{i=0}^{n-1} a_i$.

CAPÍTULO 5

Atividades de autoavaliação

1) c

2) IV, I, V, III, II

3) III, I, VI, II, V, IV

4) d

5) a

Atividades de aprendizagem

Questões para reflexão

1) Primeiramente, temos que $\varphi(10) = 4$. Além disso, considerando os números menores que 10 que são relativamente primos a tal, temos 1, 3, 7 e 9. Tomando 3, temos que:

$3^1 = 3 \equiv 3 \pmod{10}$
$3^2 = 9 \equiv 9 \pmod{10}$
$3^3 = 27 \equiv 7 \pmod{10}$
$3^4 = 81 \equiv 1 \pmod{10}$.

Dessa forma, temos que $\text{ord}_{10}(3) = 4 = \varphi(10)$, provando que 3 é raiz primitiva de 10.
Para os demais inteiros, o raciocínio é análogo.

2) Para facilitar o entendimento, denotemos $o_a = \text{ord}_n(a)$, $o_b = \text{ord}_n(b)$ e $o_{ab} = \text{ord}_n(ab)$. Assim, temos que $a^{o_a} \equiv 1 \pmod{n}$, $b^{o_b} \equiv 1 \pmod{n}$ e, consequentemente, $(a^{o_a})^{o_b} = a^{o_a o_b} \equiv 1 \pmod{n}$ e $(b^{o_b})^{o_a} = b^{o_a o_b} \equiv 1 \pmod{n}$, de maneira que $(ab)^{o_a o_b} \equiv 1 \pmod{n}$. Pelo teorema 5.1, qualquer $k \in \mathbb{Z}$ que cumpre $(ab)^k \equiv 1 \pmod{n}$ também cumpre $o_{ab} | k$. Assim, $o_{ab} | (o_a o_b)$ Como, por hipótese, $\text{mdc}(o_a, o_b) = 1$, então $o_{ab} | o_a$ ou $o_{ab} | o_b$. No primeiro caso, teríamos que

$(ab)^{o_a} \equiv 1 \pmod{n}$,

de forma que $a^{o_a} b^{o_a} \equiv b^{o_a} \pmod{n} \equiv 1 \pmod{n}$, e, portanto, $o_b | o_a$, contradizendo a hipótese de que $\text{mdc}(o_a, o_b) = 1$. O caso em que $o_{ab} | o_b$ é análogo.

Atividades aplicadas: prática

1) Basta verificar os números menores ou iguais a 100 na forma $\{1, 2, 4, p^k, 2p^k\}$, com p primo e $k \in \mathbb{N}$.

CAPÍTULO 6

Atividades de autoavaliação

1) a

2) d

3) III, II, I, IV

4) c

5) III, II, IV, I

Atividades de aprendizagem

Questões para reflexão

1) Considere k um número ímpar qualquer. Assim, existe $t \in \mathbb{Z}$ tal que $k = 2t + 1$ e, portanto,

$k^2 = 4t^2 + 4t + 1$.

Sendo k^2 número ímpar, temos que existe n tal que $k^2 = 2n + 1 = n + (n + 1)$. Desta forma,

$k^2 + n^2 = 2n + 1 + n^2 = (n + 1)^2$,

provando que $(k, n, n + 1)$ é uma terna pitagórica.

2) Pela definição 6.4 temos que $\sum_{k=0}^{\infty} a^k = \dfrac{1}{1-a}$. Em nosso caso específico,

$$\sum_{k=0}^{\infty} \left(\dfrac{1}{2}\right)^k = \dfrac{1}{1-\dfrac{1}{2}} = \dfrac{1}{\dfrac{1}{2}} = 2$$

3) Como mdc(13,10) = 1, pelo teorema 6.3, o comprimento da dízima periódica é dado por $\text{ord}_{13}(10)$. Temos que

$10^1 \equiv 10 \pmod{13}$
$10^2 = 100 \equiv 9 \pmod{13}$
$10^3 = 1\,000 \equiv 12 \pmod{10}$
$10^4 = 10\,000 \equiv 3 \pmod{13}$
$10^5 = 100\,000 \equiv 4 \pmod{13}$
$10^4 = 1\,000\,000 \equiv 1 \pmod{13}$

e portanto o comprimento da dízima periódica $\dfrac{1}{13}$ é 6.

4) Para encontrar as soluções não triviais da equação apresentada, você deve encontrar primeiramente a solução fundamental. Por tentativa e erro, temos que (1,1) não é solução, e (2,1) é uma solução, sendo portanto a fundamental. Dessa forma, todas as soluções são da forma (x_n, y_n) tais que $x_n + \sqrt{3} y_n = (2 + \sqrt{3})^n$.

5) Temos que $n = 127 \cdot 211 = 26\,797$, e portanto $\varphi(n) = 126 \cdot 210 = 26\,460$. Por outro lado, utilizando o algoritmo de Euclides estendido, obtemos que $d = 11$ é o inverso multiplicativo de $e \mod(\varphi(n))$, isto é, $d \cdot e \equiv 1 \pmod{\varphi(n)}$. Temos assim que:

$17\,523^{11} \equiv 272 \pmod{26\,797}$
$9\,183^{11} \equiv 810 \pmod{26\,797}$,

de maneira que a mensagem é dada por 272810. Recorrendo à tabela de relação entre números e letras, temos 27 28 10 = R S A.

Atividades aplicadas: prática

1) Siga o exemplo dado no livro.

Sobre os autores

Kléber Aderaldo Benatti é cientista de dados e doutorando em matemática pela Universidade Federal do Paraná. Obteve o título de mestre em Matemática em 2017, na mesma instituição. Especialista em Data Science pelo Instituto Tecnológico de Aeronáutica. Tem dupla diplomação em licenciatura em Matemática pela Universidade Federal do Paraná e pela Universidade de Coimbra. Amante da Matemática e seus mistérios, tem prazer em aprender coisas novas e ensinar aquilo que sabe.

Natalha Cristina da Cruz Machado Benatti é cientista de dados e aluna de doutorado em Matemática Aplicada na Universidade Estadual de Campinas. Obteve o grau de mestre em Matemática pela Universidade Federal do Paraná em 2017. Tem dupla diplomação em licenciatura em matemática pela Universidade Federal de Goiás e pela Universidade de Coimbra. Tem muita curiosidade sobre temas que envolvem otimização e aprendizagem de máquina.

Kléber e Natalha se conheceram no intercâmbio acadêmico que fizeram entre meados de 2012 e 2014 em Portugal, na Universidade de Coimbra. Ali cursaram algumas disciplinas em comum e eram vizinhos. Após algumas viagens que realizaram juntos pela Europa, apaixonaram-se. O resultado desse sentimento os levou ao altar em 2015 e, desde então, continuam suas atividades acadêmicas juntos.

Impressão:
Agosto/2019